国家重点研发计划项目“北方小麦化肥农药减施技术集成研究与示范”技术培训资料

# 小麦减肥减药技术百事问答

“东北春麦化肥农药减施技术集成研究与示范”课题组编写

张军政　马献发　张久明　主　编
姜　宇　张起昌　副主编

中国农业出版社
北　京

# 编写委员会名单


**主　　编：** 张军政　马献发　张久明

**副 主 编：** 姜　宇　张起昌

**编写人员**（按姓氏笔画为序）：

马献发　王小兵　车京玉　左豫虎

付连双　米　刚　苏　跃　李大志

张久明　张永平　张军政　张起昌

张淑艳　邵立刚　郑淑琴　孟庆峰

姜　宇　贾立国　席春虎　景　岚

# 目　　录

第一部分　综合篇 …… 1
第二部分　小麦品种 …… 4
第三部分　土壤管理 …… 7
第四部分　种子处理与播种 …… 13
第五部分　小麦养分管理和施肥 …… 18
第六部分　小麦病虫草害诊断与防治 …… 32
第七部分　小麦收获与贮藏 …… 61
第八部分　东北春小麦化肥农药减施技术规程 …… 66
第九部分　东北小麦主要推广品种 …… 118

CHAPTER 1

# 第一部分

# 综 合 篇

## 1. 麦田过量使用化肥、农药的危害有哪些？

**（1）化肥过量对小麦的影响。**在施肥过程中，由于农民过于注重氮肥的施用，忽视磷、钾肥，造成了养分单一的局面，过量施用氮肥会导致小麦前期叶片肥而大、过旺生长、茎秆纤细无力，后期叶色过绿、晚熟、贪青、易倒伏、易发生病害等。研究发现随着施氮量的增加，小麦植株中的氮积累量减少，过量施氮肥后，小麦籽粒产量和小麦含有的蛋白质总量增加不大，甚至减少。无节制地施用化肥使小麦很容易倒伏，还会导致产量下降，甚至降低小麦的品质。

**（2）化肥过量对生态环境的影响。**21世纪以来，化肥施用量过多产生了诸多危害。目前，我国大规模耕地退化，一个很重要的原因是化肥的过度使用。化肥的过量施用会造成化肥的大量流失、利用率低；破坏生态环境，造成大气污染（农田系统中碳、氮氧化物气体的释放）；水体富营养化、河湖等水资源污染；土壤的结构被破坏、养分大量流失，土壤理化性质不良。化肥的过度使用不仅没有使小麦提质增效，反而降低了农民的经济效益。

**（3）农药残留对健康的影响。**食用含有大量高毒、剧毒农药残留的食物会导致人、畜急性中毒。长期食用农药残留超标的农副产品，虽然不会导致急性中毒，但可能引起人和动物的慢性中毒，导致疾病的发生，甚至影响到下一代。

**（4）药害影响农业生产。**由于不合理使用农药，特别是除草剂，导致药害事故频繁，经常引起大面积减产甚至绝产，严重影响了农业生产。土壤中残留的长效除草剂是其中的一个重要原因。

## 2. 小麦减肥减药措施有哪些？

基于小麦养分需求特性与限量标准、有害生物防治指标与化学农药限量标准，针对小麦种植不同耕作制度，集成配套与区域生产相适应的高效新型肥料、高效安全农药新产品、智能化化肥机械深施、水肥一体化、地面高杆喷雾、航空植保等先进专业化统防统治技术，优化与融合绿肥、畜禽粪肥利用、秸秆还田等化肥替代技术及物理防控、生物防治等绿色防控技术，结合养分高效品种和高产栽培技术，形成北方小麦优势产区化肥农药减施技术模式。

## 3. 影响小麦品质的主要因素有哪些？

在自然和栽培条件相对一致的地区或年份，小麦品质主要受品种遗传基因的影响，而在自然和栽培等生态条件相差较大的地区，其品质差异源于品种和生态条件两个方面，生态条件对品质的影响程度往往大于品种。

施肥、灌水、播种期、播种量、种植方式、播种茬口、化学调控等栽培措施都对小麦品质有不同程度的影响，其中影响较大的主要是施肥和灌水，而肥料中又以氮肥影响效果最突出。不同施氮量对籽粒蛋白质含量有很大影响。收获、贮存条件对品质表现也有一定影响。带秸收割小麦由于秸秆中养分可继续向籽粒运输，籽粒蛋白质含量和质量明显比机收的高。收获期遇雨则会明显降低小麦角质率，蛋白质质量也有所降低。贮藏不当，如麦仓升温、熏仓等对小麦品质也有负面影响。

## 4. 提高小麦品质的方法？

除选用优质抗病小麦品种外，同时应用配套栽培技术，如在小麦扬花灌浆期喷施钾肥，对改善品质和增加产量有重要作用。

## 5. 利用小麦双减改变传统种植技术和管理方法能达到小麦高产的目的吗？

通过选用高产高效的优良品种，应用测土配方施肥技术，采用小麦全程无公害病虫草害综合防治技术，应用中微量元素调控技术和高产高效栽培技术，形成不同区域小麦化肥农药减施增效综合技术模式，制定相应的化肥农药减施增效技术规程，并在区域内进行集成示范和推广应用。最终实现技术的规模化应用和区域内小麦生产的化肥农药减量增产目标。

## 6. 改善土壤质量和土壤环境能达到小麦化肥农药双减吗？

利用优化融合畜禽粪便、秸秆还田、合理轮作等化肥替代和有害生物绿色防控技术改善土壤质量和土壤环境能达到小麦化肥农药双减。

## 7. 什么是优质小麦无公害标准化生产技术？

无公害生产技术是实现小麦优质、高产、低本、高效的生产性关键技术。根据不同地区生态和生产条件，分为强筋、中筋和弱筋三类小麦实施。采用这一技术进行小麦生产，不但节省肥料、提高肥料利用率、减少氮素流失、降低污染、提高农产品安全性、保护农田生态环境、实现农业可持续发展，而且可以提高小麦单产、改善品质、提高优质小麦品质的稳定性、增强国产优质小麦的市场竞争力、促进产业化开发，实现农业增效、农民增收。应用该技术，与传统的小麦高产栽培技术相比，平均每亩*增产小麦 23.5 千克，化肥投入量降低 31.2%，农药有效成分用量降低 76.5%，防治费用降低 63.2%，少浇 1～2 次水，达到降氮节水降污、保证产量和品质的效果。

---

* 亩为非法定计量单位，1 亩＝1/15 公顷。

CHAPTER 2

# 第二部分

# 小麦品种

## 1. 小麦怎么分类？

按照籽粒皮色的不同可分为红皮、白皮小麦；按照籽粒粒质的不同，小麦可以分为硬质小麦和软质小麦；按播种时期可分为冬小麦和春小麦；按用途分可为强筋小麦、中筋小麦和弱筋小麦。

## 2. 红皮、白皮小麦的区别是什么？

红皮小麦籽粒表皮呈红褐色，皮厚，出粉率较低。白皮小麦籽粒呈乳白色，皮薄，出粉率较高。白皮小麦在阴雨天易得赤霉病，而红皮小麦由于皮厚，具有更强的适应性，能够经受恶劣环境的考验。

## 3. 什么是硬质小麦，什么是软质小麦？它们分别有什么特点？

硬质小麦是指角质率不低于70%的小麦，蛋白质含量高、容重较大、出粉率较高，面粉面筋含量较多，延伸性和弹性较好，适于做馒头、面包等发酵食品，我国常见小麦以硬质小麦为主。软质小麦是指粉质率不低于70%的小麦，软质小麦磨出的面粉适于生产饼干、糕点等食品。

## 4. 冬性小麦、弱（半）冬性小麦和春性小麦品种是怎样划分的？

小麦要从营养生长过渡到生殖生长，必须经过两个发育阶段，即春化阶段和光照阶段。小麦种子萌发后，便可进入春化阶段的发育。其特点是在所需要的综合条件中，必须有一定时间和一定程度的低温，否则就不能通过春化阶段，从而停留在分蘖状态。根据小麦通过春化阶段所需温度高低和时间长短，可把小麦品种分为冬性小麦、弱（半）冬性小麦和春性小麦三种基本类型。

**（1）冬性品种。**对温度要求极为敏感。春化阶段适宜温度在0～5 ℃，需经历30～50天，其中只有在0～3 ℃条件下，经过30天以上才能通过春化阶段的品种为强冬性品种。没有经过春化阶段的种子在春季播种不能抽穗。

**（2）春性品种。**通过春化阶段时对温度要求范围较宽，经历时间也较短。一般在秋播地区要求0～12 ℃，北方春播地区要求在0～20 ℃，经过15天的时间可以通过春化阶段。

**（3）半冬性品种。**对温度要求介于冬性小麦和春性小麦之间。在0～7 ℃条件下，经过15～35天，可以通过春化阶段。没有经过春化的种子在春季播种不能抽穗或延迟抽穗，抽穗不整齐，产量很低。

冬、春性指的是小麦品种的春化阶段发育特性，而冬、春麦指的是播种期。生产上说的春小麦指的是春季播种的小麦。冬小麦指秋季播种，在生育期间经过冬季的小麦。我国长江中下游和四川盆地的冬小麦种植的多是春性品种，东北春麦区种植的都是春小麦，黄淮麦区的冬小麦多是半冬性品种，北部冬麦区的冬小麦都是冬性品种。

## 5. 什么是强筋、中筋和弱筋小麦？

强筋小麦是指籽粒硬质，角质率大于70%，蛋白质含量高，面筋强度强，延伸性好，适于生产面包粉以及搭配生产其他专用粉的小麦。中筋小麦是籽粒硬质或半硬质，蛋白质含量和面筋强度中等，延伸性好，适于制作面条或馒头的小麦。弱筋小麦是指籽粒软质，角质率小于30%，蛋白质含量低，面筋强度弱，延伸性较好，适于制作饼干、糕点的小麦。由于历史原因，我国强筋和弱筋小麦发展较慢，目前市场缺口较大。

## 6. 怎样因地制宜选用小麦良种?

一是根据本地区的气候条件，特别是积温和降雨条件选用小麦品种。

二是根据生产水平选用良种。在旱薄地应选用抗旱耐瘠品种；在土层较厚、肥力较高的旱肥地，应种植抗旱耐肥的品种；在肥水条件良好的高产田，应选用丰产潜力大的耐肥、抗倒品种。

三是根据不同耕作制度选用良种。

四是根据当地自然灾害的特点选用良种。如干热风重的地区，应选用抗早衰、抗青干的品种；锈病感染较重的地区应选用抗（耐）锈病的品种。

五是籽粒品质和商品性好。包括营养品质好、加工品质符合制成品的要求、籽粒饱满、容重高、销售价格高。

六是选用良种要经过试验、示范。既要根据生产水平的提高不断更换新品种，也要防止不经过试验就大量引种调种及频繁更换良种，要保持生产用种质量。

## 7. 小麦品种“多、乱、杂”对生产有何影响?

小麦品种“多、乱、杂”，就是不根据当地生态条件和生产水平，盲目乱引种小麦品种，在一个地区或生产单位种植的品种过多、管理混乱和品种混杂。小麦品种“多、乱、杂”不利于小麦生产发展。

其一，不利于良种良法配套使用。品种多，农户难以充分了解每个品种的特性，不利于有针对性地运用良法，充分发挥良种的优点，减轻或补救良种的缺点，也就不可能取得最大的经济效益。其二，“多、乱、杂”使一些所谓“新品种”“超级品种”趁机而入，给假、冒、伪、劣种子的流行开了方便之门，贻害无穷。其三，降低优良品种使用年限。种植品种“多、乱、杂”，甚至一块地里种几个品种，很容易因机械混杂、自然杂交等原因造成小麦品种混杂退化，生产力下降。其四，不利于增产增收。小麦田间出现“几层楼”现象，不但造成小麦减产，也降低了小麦的商品价值。

CHAPTER 3 第三部分

# 土壤管理

## 1. 麦田耕作措施对小麦生长有哪些作用?

麦田耕作包括小麦播种前的耕作整地和小麦生长期间麦田的中耕、耙耱、镇压等措施。

**(1) 播前耕作。**麦田耕翻不仅可破除土壤板结，把施用的有机肥和田间残茬、杂草掩埋到土壤下层和熟化耕翻到上层的底土，而且能增加土壤通透性，蓄纳更多的雨水，改善土壤的水、肥、气、热等状况，为小麦出苗和正常生长提供良好的土壤环境。耕翻一要根据不同的土质和墒情的变化，掌握好适耕期，一般以土壤水分相当于田间最大持水量的60%～70%时进行耕翻为宜。黏重土壤尤其要掌握好耕耙翻的时间和方法，以免造成大泥条和大坷垃。麦田翻耕后要及时耙细、耙实，平整土地，对于土层过松或有翘空的田块，还应进行适当镇压，以防透风和水分过多蒸发。

**(2) 田间耕作。**小麦播种后和生长期间，如田间湿度大，或下雨、灌水后，及北方麦田早春土壤解冻返浆后，可采用中耕、耙地或搂麦等措施，及时破除地表板结，疏松表土，改善通气条件，以利小麦出苗和生长。对于缺少稳固性结构和过于松散的土壤，应减少中耕和耙地次数，以防破坏土壤团粒结构，造成水土流失或风蚀；盐碱土和低湿黏土不宜镇压，以防土壤过于紧密，影响麦苗生长。在小麦生长期间，适时、适度中耕有利于小麦生长；深中耕和镇压可抑制小麦旺长，预防倒伏。

## 2. 高产小麦对土壤的基本要求有哪些？

偏酸和微碱性土壤上小麦都能较好地生长，最适宜高产小麦生长的土壤酸碱度（pH）在6.5～7.5。

高产麦田要求土壤有机质含量在12克/千克以上，全氮≥0.10%，缓效钾≥200毫克/千克，有效磷20～30毫克/千克。有机质含量高，土壤结构和理化性状好，能增强土壤保水保肥性能，较好地协调土壤中肥、水、气、热的关系。

高产麦田耕地深度应确保20厘米以上，能达到25～30厘米更好。加深耕作层，能改善土壤理化性能，增加土壤水分涵养，扩大根系营养吸收范围，从而提高产量。但超过40厘米，就打乱了土层，不但当年不增产，还有可能减产。高产麦田的土壤容重为1.14～1.26克/厘米$^3$，孔隙率为50%～55%，这样的土壤上层疏松多孔，水、肥、气、热协调，养分转化快，下层紧实有利于保肥保水，最适宜高产小麦生长。

## 3. 不同类型麦田如何整地？

**（1）水肥地。**一是要求深耕；二是要求保证小麦播种具备充足的底墒和口墒。深耕的适宜深度为25～30厘米，一般不超过33厘米，深耕后效果可维持3年，因此生产上可实行每2～3年深耕一次。墒情不足时要浇好底墒水，耙透、整平、整细，保墒待播。

**（2）旱地。**采取以深松为主、翻地为辅，深松、免耕结合的保护性耕作制度。根据土壤情况，一般每隔4年用全方位深松机进行深松，深度应该在35～40厘米，尽可能不破坏地表覆盖。要求适时深松，深度适宜，深浅一致，打破犁底层，减少表土残留秸秆数量，加快秸秆腐化速度。对于全方位深松后的农田进行镇压处理使地表平整，避免播种机拥堵，提高播种质量。在整地的同时兼顾施用有机肥料，施肥方式以撒施和集中条施为主，深施入土。

**（3）黏土地。**严格掌握适耕期，充分利用冻融、干湿、风化等自然因素，使耕层土壤蓬松，保持良好的结构状态。播前整地可采取少耕措施，一犁多耙，早耕早耙，保持下层不板结，上层无坷垃，疏松细碎，提高土壤水肥效应。

## 4. 旱地小麦如何保墒？

墒情是指土壤的湿度状况，它直接影响小麦播种质量。土壤底墒充足的农田，要保证小麦适时播种。如果墒情不好，有水浇条件的要先造墒再播种。一些农民喜欢播种后浇“蒙头水”，这样容易造成土壤板结，影响小麦出苗。采取各种措施保蓄水分是旱地保墒的重要工作。减少土壤水分散失是各项保墒措施的核心。镇压可压碎较大的坷垃，减少土壤上层的大孔隙，减少水分向大气散失，还可接通下面的部分毛细管，有利于下层水分升到耕作层。耙耱会破坏土壤表层的毛细管，从而减少水分散失。中耕可切断通向地表的毛细管，减少耕作层及其下层的水分散失，根据不同的墒情和干土层进行不同深度的中耕可有效控制土壤水分，所以有“锄头有水又有火”之说。另外，进行地膜或秸秆覆盖以及施用土壤增温剂都可减少土壤水分的散失。

## 5. 旱地春小麦栽培要注意哪些关键问题？

**（1）轮作倒茬，培肥地力。**较好的前茬为豌豆、扁豆、大豆、苜蓿、草木犀等豆科作物和油菜。可实行豆类、小麦、谷子（或玉米、高粱等秋作物）三年三熟轮作制。

**（2）耕作纳雨，防旱保墒。**前作收后及时深耕灭茬（深耕25～30 厘米），耕后不耙、立土晒垡、熟化土壤、拦截雨水。

**（3）选用抗旱丰产品种。**除考虑抗旱、耐瘠、丰产、稳产、品质特性外，还应考虑品种的发育节律要和当地降水时空分布相吻合。

**（4）施肥。**旱地难以结合灌水追肥，因此肥料主要通过基肥和种肥施入，要重施基肥，适当提高磷肥使用量。

**（5）播种。**适期早播，通常地表解冻 6～8 厘米就可播种，如果播种墒情差，一般需要深播到 5～6 厘米。播种量应考虑主要依靠主茎成穗。

**(6) 田间管理。**在出苗至拔节期可进行2～3次中耕除草。丰雨年可在拔节前后视情况每公顷追纯氮2.5～5千克。开花期可叶面喷施0.2%～0.3%的磷酸二氢钾溶液2～3次，或采取“一喷三防”。

## 6. 小麦田前茬玉米秸秆还田时应注意哪些问题?

应注意“及时，细碎，增氮，塌实，补墒”。

“及时”就是在玉米收获后要趁玉米秸秆水分含量较高时及时翻压入土，适当耙耱压实，有利于快速腐烂转化。“细碎”就是要注意充分粉碎，翻压入土。“散匀”就是让秸秆均匀分布在土中，避免密集成堆。“增氮”就是要适当增施氮肥，防止土壤碳氮比失调，引起生物夺氮，造成小麦前期幼苗缺氮。“塌实”就是避免地虚，同时结合“补墒”，为微生物活动创造一个合适的环境条件，以利于秸秆腐解。

此外，必须搞好病虫害防治。由于作物秸秆所带的病菌很容易通过土壤传播，在玉米生长期间如果病害严重，则不宜进行秸秆直接还田。还需要加强防治随着秸秆还田后逐渐加重的地下害虫，确保小麦优质丰产。

## 7. 造成土壤板结的原因是什么?

**(1) 农田土壤质地太黏，耕作层浅。**黏土中的黏粒含量较多，加之耕作层平均不到20厘米，土壤中毛细管孔隙较少，通气、透水、增温性较差，下雨或灌水以后容易堵塞孔隙，造成土壤表层结皮。

**(2) 有机肥严重不足、秸秆还田量减少。**使土壤中有机物质补充不足，土壤有机质含量偏低、结构变差，影响微生物的活性，从而影响土壤团粒结构的形成，造成土壤的酸碱性过大或过小，易导致土壤板结。

**(3) 塑料制品过多的投入。**地膜和塑料袋等没有清理干净，在土壤中无法完全被分解，形成有害的块状物。我国每年随生活垃圾进入填埋场的废塑料占填埋垃圾重量的3%～5%，其中大部分是塑料袋垃圾，施入土壤中不易降解，造成土壤板结。

**（4）长期单一地偏施化肥。**长期单一施用化学肥料，有机肥严重不足，重氮轻磷钾肥，土壤有机质下降，腐殖质不能得到及时补充，影响微生物的活性，从而影响土壤团粒结构的形成，会引起土壤板结和龟裂。另外，化肥中只有阳离子或阴离子是植物所需要的元素，植物单方面选择吸收了有用的离子，造成土壤酸化或盐碱化，也会导致土壤板结。

**（5）镇压、翻耕等农耕措施导致上层土壤结构破坏。**由于机械耕作过深的影响，破坏了土壤团粒结构。而每年施入土壤中的肥料只有部分被当季作物吸收利用，其余被土壤固定，形成大量酸根沉积，造成了土壤板结。

**（6）有害物质的积累。**部分地方地下水和工业废水的有毒物质含量高，长期利用其灌溉，会使有毒物质积累过量而引起表层土壤板结。

**（7）风沙、暴雨导致的水土流失。**遇到风沙、暴雨后表土层细小的土壤颗粒被带走，使土壤结构遭到破坏而引起土壤板结。

## 8. 土壤板结的危害是什么？

**（1）植株根系呼吸受阻。**土壤板结或长期水淹的情况下，植物根部细胞呼吸减弱，而氮素等营养物质又多以离子态存在，吸收时多以主动运输方式，要消耗细胞代谢产生的能量。呼吸减弱，故能量供应不足，影响离子吸收。

**（2）植株根系不能正常发育。**土壤团粒结构是土壤肥力的重要指标，土壤团粒结构的破坏致使土壤保水、保肥能力及通透性降低，造成土壤板结，处于这种状态的植株根系会因缺氧而导致活力下降。

**（3）造成植株缺素症。**植物缺素症状的原因，不一定是土壤中缺少这种元素，而是因为土壤板结、土壤酸碱度不适宜，或者是土壤水分供应不均衡等一系列问题引起的根部吸收能力下降导致的。

## 9. 怎样解决土壤板结？

**（1）增加有机肥的施入量。** 如作物秸秆有机肥和优质商品有机肥，最好施用高含量的微生物菌剂。

**（2）减少化肥的施入量。** 提高农民对各种肥料作用的认识，对化肥的用量要结合作物产量和土壤肥力状况进行合理配方施肥，这样能控制施用化肥的量，减少不合理的投入，从而增加经济效益。

**（3）进一步推广旱作灌溉农业。** 实行喷灌，或提倡利用夏季多储雨水，充分利用地表水；有条件的也可利用深井水。

**（4）打破陈旧的耕作方式。** 进一步推广秸秆还田，免耕覆盖，尽最大努力减少不必要的土壤流失，以保证土壤结构不遭破坏。

## 10. 怎样防御干热风？

干热风是指小麦生育后期，由于高温、低湿并伴随大风使小麦减产的一种气象灾害。常出现在小麦灌浆中、后期，尤其灌浆中期危害最大。其危害轻者减产5%左右，重者减产10%～20%。防御干热风必须采取综合措施，概括来说，应抓好“改、躲、抗、防”四条措施。改，就是改变农业生产条件，改善农田小气候，逐步建设高产、稳产农田。躲，就是选用早熟高产品种，采用适时早播等栽培措施，促使小麦提早成熟，躲灾以减轻干热风危害。抗，就是选用抗旱、抗病、抗干热风能力强，落黄好的优良品种，抗御干热风危害。防，就是在干热风来临前，采取有效的防御措施，包括避免氮肥超量使用、增施有机肥和磷钾肥料、孕穗至灌浆期喷施磷酸二氢钾等。

CHAPTER 4

# 第四部分

# 种子处理与播种

## 1. 怎样进行小麦播种前的种子处理？

播种前种子处理，有促进小麦早长快发、增根促蘖、提高粒重等重要作用。常用的种子处理方法有以下几种：

**(1) 发芽试验。**待播种子发芽率在90%以上时，可按预定播种量播种；发芽率在85%～90%的可适当增加播种量；发芽率在80%以下的则要更换种子。

**(2) 精选种子。**有条件的可用精选机精选；没有条件的可用筛选、风扬等方法，将碎粒、瘪粒、杂物等清理出来。

**(3) 播前晒种。**在播种前10天将种子摊在苇席或防水布上，厚度以5～7厘米为宜，连续晒2～3天，随时翻动，晚上堆好盖好，直到牙咬种子发响为止。注意不要在水泥地、铁板、石板和沥青路面等上面晒种，以防高温烫伤种子，降低发芽率。

**(4) 药剂拌种。**为了防治地下害虫和苗期多种病虫害，可采取以下拌种处理。

防治地下害虫：每10千克麦种可用甲基异柳磷，或对硫磷，或辛硫磷100克，对水1千克拌种堆闷3～4小时，晾干后播种。

防治黑穗病：用种子量0.3%的50%福美双拌种，防治小麦腥、散黑穗病，兼防根腐病，拌后即播。或用同药种衣剂包衣，晾一段时间后播种。

防治根腐病：用11%福酮种衣剂按药种比（1.5～2）∶100拌种或用2.5%适乐时种衣剂按药种比（0.15～0.2）∶100拌种。此方法可同时兼防小麦散黑穗病。

**(5) 激素浸种。**在干旱和干热风常发区，每亩用抗旱剂1号50克加水1千克拌种，可刺激幼苗生根，有利于抗旱增产；在高水肥地播种前用0.5%矮壮素浸种，可促进小麦提前分蘖，麦苗生长健壮，并对预防小麦倒伏有明显效果。

**(6) 微肥拌种。**在缺某种微量元素的地区，因地制宜，用0.2%～0.4%的磷酸二氢钾，0.05%～0.1%的钼酸，0.1%～0.2%的硫酸锌，0.2%的硼砂或硼酸溶液浸种，都有一定的增产作用。

此外，晚播小麦播前浸种催芽，可加速种子内营养物质水解，促进酶的活动，有利于早出苗和形成壮苗。

## 2. 使用包衣种子要注意哪些问题?

(1) 种衣剂不要和碱性农药、肥料同时使用，在盐碱较重的土地上不宜使用包衣种子，否则容易分解失效。

(2) 在搬运种子时，要先检查包装有无破损、漏洞。严防包衣种子被儿童或禽畜误食中毒。

(3) 使用小麦包衣种子播种时，工作人员要穿防护服，戴手套，以防中毒。

(4) 播种时不能吃东西、喝水，用手擦脸、眼。工作结束后用肥皂洗净手和脸。

(5) 装过包衣种子的口袋，用后要烧掉，禁止用来装粮食或其他食品、饲料。

(6) 盛过包衣种子的盆子、篮子等，必须用清水冲洗干净后再作他用，严禁盛食物。清洗盆和篮子的废水严禁倒入河流、水井或水塘，以防污染水源，引起人、畜、禽、鱼中毒，可以倒在树根旁或田间。

(7) 如不慎误食或操作时防护不当造成种衣剂中毒，要及时进行急救。措施是：使中毒者离开水源，使其处于新鲜、干燥的空气环境中，然后脱去被种衣剂污染的衣服，用肥皂及清水彻底冲洗身体污染部分，注意不要重擦皮肤。若触及眼睛，需用大量清水冲洗

15 分钟。若误服中毒，可触及喉咙后部引起呕吐，反复催吐，直至呕吐物澄清且没有毒药味为止。中毒严重时，要及时送医院抢救。若医生不能立即赶到，可先服两片阿托品，每片 0.5 毫克，若有必要，可再次给药。注意在处理种衣剂中毒时，不能用磷中毒一类的解毒药进行急救。

## 3. 怎样测定种子发芽势和发芽率？

小麦种子的发芽率是指 100 粒种子 7 天内的发芽粒数，发芽势是指 100 粒种子中 3 天内集中发芽的粒数。

小麦种子在储藏期间如保管不善，受潮受热，都易引起霉变或虫蛀而降低发芽率。因此播种前应做好发芽试验，避免因发芽率过低而造成出苗不好的损失，为确定播种量提供依据。供发芽试验的种子要有代表性，应从储存种子容器的各层中多点取样，充分混匀，最后取出 200 粒，分作两个样品测定，应标明试验种子的品种名称及来源，以防差错。发芽试验的方法很多，归纳起来有以下两种：

**（1）直接法。**用培养皿、碟子等，铺几层经蒸煮消毒的吸水纸或卫生纸，预先浸湿，将种子放在上面，然后加清水，淹没种子，浸 4～6 小时，使其充分吸水，再把淹没的水倒出，把种子摆匀盖好，以后随时加水保持湿润。也可用经消毒的纱布浸湿，把种子摆在上面，卷成卷，放在温度适宜的地方，随时喷水保持湿润，逐日检查记录发芽粒数。

**（2）间接法。**来不及用直接法测定发芽率时，也可采用间接法，即染色法。由于种子活细胞的细胞壁具有选择渗透能力，有些化学染料，如红墨水中的苯胺染料，不能渗透到活的细胞质中去，染不上色，而失掉生活力的细胞可被渗透染上颜色。先把种子浸于清水中 2 小时，捞出后取 200 粒分成等量两份测定。用刀片从小麦腹沟处通过胚部切成两半，取其一半，浸入红墨水 10 倍稀释液中 1 分钟（20～40 倍液需 2～3 分钟），捞出用清水洗涤，立即观察胚部着色情况。种胚未染色的是有生活力的种子，完全染色的为无生活力的种子，部分斑点着色的是生活力弱的种子。这种测定结果，与直接作发芽试验的结果基本一致。但连部分斑点着色的种子也计算在内，此法测定的发芽率略显偏高，因为一些发芽势弱的种子实际不能发芽。

## 4. 小麦播种期综合拌种的常用配方是什么？

防治地下害虫可用50%甲胺磷1∶100∶1 000（药∶水∶种），白粉病可用有效成分为种子量0.03%的粉锈宁拌种。黑穗病重发区，可用有效成分为种子量0.08%的多菌灵拌种。

## 5. 怎样计算小麦的播种密度和播种量？

小麦的播种密度，即每亩的基本苗数。基本苗是指一亩地播下的种子所能出的苗数。播种量是在计划基本苗数确定以后，根据该品种的千粒重、发芽率和田间出苗率计算出来的，公顷播种量（千克）=[密度（株/公顷）×千粒重（克）]÷（种子发芽率×种子净度×田间损失率×1 000×100），田间损失率一般按90%计算。

## 6. 小麦播种深度多少合适？

小麦的播种深度对种子出苗及出苗后的生长都有重要影响。根据试验研究和生产实践，在土壤墒情适宜的条件下适期播种，播种深度一般以3～5厘米为宜。底墒充足、地力较差和播种偏晚的地块，播种深度以3厘米左右为宜；墒情较差、地力较肥的地块以4～5厘米为宜。大粒种子可稍深，小粒种子可稍浅。小麦种子播种过浅（不足2厘米），种子容易落干，影响发芽，造成缺苗断垄，同时造成分蘖节过浅或裸露，不耐旱，不抗冻，遇到干旱就会影响分蘖和次生根正常发育，不容易形成壮苗。播种过深（超过6厘米）会使幼苗在出土过程中经历的时间延长，消耗的养分过多，使幼苗细弱，叶片瘦长，分蘖少而小，造成分蘖缺位，甚至无分蘖；如果播深超过8厘米，常会出现在幼芽出土过程中胚乳的养分消耗过大或用尽而不出苗，幼芽憋死在土里，造成缺苗，或者能勉强出土，形成又细又弱的小苗，逐渐死亡。因此，播种深度对于幼苗生长发育极为重要，各地应根据实际情况，掌握在适宜的播种深度范围内，以促进出苗整齐，根系发达，分蘖健壮，形成壮苗。

CHAPTER 5

# 第五部分

# 小麦养分管理和施肥

## 1. 不同元素肥料与小麦生长有什么关系？

小麦在生长发育过程中，除需要大气中的碳、氢、氧外，还需要消耗土壤中的氮、磷、钾、钙、镁、硫、铁、锰、锌、铜、钼、硼等元素。其中需要量和对产量影响较大的是氮、磷、钾三种元素，称为大量元素，其他称为微量元素。根据有关资料报道：每生产 100 千克籽粒，需纯氮 3 千克、五氧化二磷 1～1.5 千克、氧化钾 2～4 千克。氮、磷、钾在植株不同部位含量不同，氮、磷主要集中在籽粒中，占全株总含量 76％和 82.4％，钾主要集中在茎秆中，占全株的 70.6％。

氮除了一般的生理功能外，对小麦苗期根、茎、叶的生长和分蘖起着重要作用，对拔节期绿叶面积的增大作用尤为显著。由于叶面积增大，增强了叶片光合作用和营养物质的积累，从而为穗分化、开花和籽粒形成提供了物质基础。在后期施用适量的氮肥，能够提高小麦的千粒重和籽粒的蛋白质含量。氮肥不足，造成小麦根少、株小、分蘖少、叶色浅、成熟早、穗小粒少、产量低。氮肥过量也会造成苗期分蘖过多，有效分蘖降低，根系和地上部比例失调，茎秆徒长，抗逆性差，易受病虫害侵染，贪青晚熟，倒伏减产。

磷能使小麦早生根、早分蘖、早开花，并促进植株体内糖分和蛋白质的代谢，增强抗旱、抗寒能力。小麦开花后，在籽粒形成期能够加快灌浆速度，增加千粒重，提早成熟。如果磷素不足，苗期根系发育弱，分蘖减少，叶片狭窄呈紫色，小麦拔节、抽穗、开花延迟，且授粉也会受到影响，其结果是穗粒数减少、千粒重降低、产量下降。

钾能增强光合作用和促进光合产物向各个器官运转。在小麦苗期，钾能促进根系发育，拔节期能增加茎秆细胞壁厚度，促进细胞木质化，使茎秆坚硬，从而增强小麦抗寒、抗旱、抗高温、抗病虫害和抗倒伏能力。在灌浆期，钾素可促进淀粉合成、养分转化和氮素的代谢，使小麦落黄好、成熟早，从而增加产量和改进品质。

小麦虽然吸收硫、锌、硼、锰、铜、钼等元素很少，但这些微量元素对小麦的生长发育却起着不可替代的重要作用。如果小麦缺少某种微量元素，就会出现严重的缺素症状，影响正常生长发育，甚至造成严重减产。例如锌在小麦越冬前吸收较多，返青、拔节期缓慢上升，抽穗到成熟期吸收量最高，占整个生育期吸收量的43.3%。小麦幼苗生长阶段，锰营养不足会使麦苗基部出现白色、黄白色、褐色斑点，严重的会出现叶片中部组织坏死、下垂。锰对小麦的叶片、茎的影响较大，缺锰的植株叶片和茎呈暗绿色，叶脉间呈浅绿色。缺硼的植株发育期推迟，雌雄蕊发育不良，造成小麦不能正常授粉、结实，从而影响产量。

## 2. 小麦不同生育时期对营养物质需求是如何变化的？

小麦苗期对养分的需求十分敏感，充足的氮能使幼苗提早分蘖，促进叶片和根系生长，磷素和钾素营养能促进根系发育，提高小麦抗寒和抗旱能力。

小麦分蘖、拔节需要较多的矿质营养，特别是对磷和钾的需要量增加，氮素主要用于增加有效分蘖数及茎叶生长，钾用于促进光合作用和提高小麦茎基部组织坚韧性，还能促进植株内营养物质的运转。

小麦抽穗后养分供应状况直接影响穗的发育。供应适量的氮肥，可减少小花退化，增加穗粒数。磷对小花和花粉粒的形成发育以及籽粒灌浆有明显的促进作用。钾对增加粒重和籽粒品质有较好的作用。

小麦开花后，根系的吸收能力减弱，植株体内的养分能进行转化和再分配，但后期可通过叶面喷肥供给适量的磷钾肥，以促进植株体内的含氮有机物和糖向籽粒转移，提高千粒重。

小麦正常生长发育还需吸收少量的微量元素，例如，锌能提高小麦有效穗数，增加每穗粒数，提高千粒重；钼能提高小麦有效分蘖率，增加穗数。

## 3. 施肥措施怎样影响小麦产量形成？

小麦产量是由每亩穗数、每穗粒数和平均粒重构成的，三者的乘积越高，产量越高。每亩穗数是由主茎穗和分蘖穗共同组成，每亩穗数要足够就必须掌握播种量，使基本苗数量适宜且分布均匀，每株小麦都得到充足的光照和营养，才能有适宜的分蘖成穗数。

增加每穗粒数的途径是通过肥水调控措施促使植株营养状况良好，在保证每个麦穗有较多小花数的基础上，提高小花结实率。田间管理措施要有促有控，使氮素营养和碳素营养协调，高地力、群体适宜的麦田要防止肥水施用过早过多，氮代谢过旺，碳代谢过弱；中低产田和群体不足的麦田要防止肥水不足、氮代谢过弱，造成早衰。

小麦开花至成熟阶段是决定粒重时期。小麦的粒重有1/3是开花前储存在茎和叶鞘中的光合产物，开花后转移到籽粒中的；2/3是开花后光合器官制造的。所以，保证小麦开花至成熟阶段有较长时间的光合高值持续期，延缓小麦早衰是提高小麦粒重的重要途径。

## 4. 不同类型肥料应该怎么施用？

尿素、碳酸氢铵等氮肥不能浅施、撒施或施用浓度过高。尿素是酰胺态氮肥，含氮较高，施入土壤后除少量被植物直接吸收利用外，大部分需经微生物分解转化成铵态氮才能被作物吸收利用。碳酸氢铵的性质不稳定，若表层浅施利用率非常低，同时氮肥浅施追肥量大，浓度过高，挥发出的氨气会熏伤作物茎叶，造成肥害。

钙、镁、磷肥在水中不易溶解，肥效缓慢，不宜作追肥。特别是在小麦生长中期以后作追肥，其利用率低，效果差。

过磷酸钙不能直接拌种。过磷酸钙中含有3.5%～5%的游离酸，腐蚀性很强，直接拌种会降低种子的发芽率和出苗率。

锌肥与磷肥不能混合施用。由于锌、磷之间存在严重的拮抗作用，将硫酸锌与过磷酸钙混合施用后，将降低硫酸锌的肥效。

## 5. 小麦施用化肥有哪些原则？

**（1）增施最缺乏的营养元素。**小麦施肥首先需要弄清土壤中限制产量提高的最主要营养元素是什么，只有补充这种元素，其他元素才能发挥应有的作用。

**（2）有机肥与化肥的合理配合。**有机肥指含有机质较多的农家肥，具有肥源广、成本低、养分全、肥效长、含有机质多、能改良土壤等优点。化肥具有养分含量高、肥效快等优点。化肥同有机肥配合施用，可以弥补有机肥含养分较低、肥效缓慢的弱点，能及时满足小麦生长发育的养分需要。

**（3）注意土壤质地、茬口和光温条件。**粗质沙性土壤保肥能力差，养分亏缺的可能性大，应增加施肥量，分次施肥，避免因一次集中施肥而使养分流失。对于前茬作物生育期长、养分消耗多、土壤休闲时间短的麦田，应增加施肥量。在温度偏低、光照不足的气候条件下，小麦生育进程缓慢，氮素充足可延长营养生长持续时间，但对生殖生长不利，应适当控制氮肥而相对增加磷钾肥的使用量。此外，水浇地使用化肥的增产作用明显大于干旱条件，因此水浇地化肥用量可高于旱地。

## 6. 在小麦施肥上应该抓住哪两个关键时期？

营养临界期，是指小麦对肥料养分要求在绝对数量上并不多，但需要程度却很迫切的时期。此时如果缺乏这种养分，作物生长发育就会受到明显的影响，而且由此所造成的损失，即使在以后补施这种养分也很难恢复或弥补。磷的营养临界期在小麦幼苗期，由于根系还很弱小，吸收能力差，所以苗期需磷十分迫切。氮的营养临界期是在营养生长转向生殖生长的时候，小麦是在分蘖和幼穗分化两个时期。生长后期补施氮肥，只能增加茎叶中氮素含量，对增加穗粒数或提高产量已不可能有明显作用。

营养最大效率期，是指小麦吸收养分绝对数量最多，吸收速度最快，施肥增产效率也最高的时期。小麦的营养最大效率期在拔节到抽穗期，此时生长旺盛，吸收养分能力强。需要适时追肥，以满足小麦对营养元素的最大需要，获得最佳的施肥效果。

## 7. 施肥不科学产生的危害有哪些？

施肥不科学的危害通常是由于施肥数量、施肥时期、施肥方法不当造成的，一般有以下几种情况：

**（1）施肥深度过浅或表施肥料。**这样施用氮肥容易造成氨的挥发损失，不利于作物吸收，肥料利用率低，肥料应施入植株侧下方6～10厘米处，利于根系吸收。

**（2）施用化肥不当，造成肥害，发生烧苗，植株萎蔫等现象。**一次性施入化肥过多或施肥后土壤水分不足，会造成土壤溶液浓度过高，作物根系吸水困难，导致烧苗，甚至枯死。施氮肥过量，土壤中有大量的氨或铵离子，一方面氨挥发，遇到空气中的雾滴形成碱性小水珠，会灼伤作物；另一方面，铵离子在旱地上易硝化，在亚硝化细菌作用下转化为亚硝铵，气化产生二氧化氮气体毒害作物。此外，土壤中铵态氮过多时，植株会吸收过多的氨，引起氨中毒。

**（3）偏施某种营养元素引起缺素症。**过多施用某种营养不仅会对作物产生毒害，还会妨碍作物对气体营养元素的吸收，引起缺素症。例如，施铵态氮过量会引起缺钙；施硝态氮过多会引起缺钼失绿；施钾过多会降低钙、镁、硼的有效性；施磷过多会降低钙、锌、硼的有效性。

**（4）直接施用新鲜人粪尿。**新鲜的人粪尿中含有大量病菌、毒素和寄生虫卵，如果未经过腐熟而直接施用，会造成生物污染，易传染疾病。因此，人粪尿需要高温发酵或无害化处理后才能施用。

## 8. 什么是测土配方施肥？有哪些好处？

测土配方施肥是以土壤测试和肥料田间试验为基础，根据作物需肥规律、土壤供肥性能和肥料效应，在合理施用有机肥料的基础上，提出氮、磷、钾及中、微量元素的施用数量、施用时期和施用方法。通俗地讲，就是在农业科技人员的指导下科学施用配方肥。测土配方施肥技术的核心是调节和解决作物需肥与土壤供肥之间的矛盾。同时，有针对性地补充作物所需的营养元素，实现各种养分平衡供应，满足作物的需要；达到提高肥料利用率和减少用量、提高作物产量、改善农产品品质、节省劳力、节支增收的目的。

测土配方施肥有 4 大好处：第一，提高科学施肥水平，逐步改掉经验施肥的传统方式，建立起平衡施肥的新观念。第二，摸清土壤养分底细，通过测土施肥，了解土壤供肥状况，做到心中有数，配方有据。第三，测土配方施肥可以减少养分浪费，合理利用养分资源。第四，增进肥效，通过测土配方施肥，走平衡施肥之路，才能提高肥料利用率，提高施肥效果。

## 9. 小麦施肥原则是什么？

基肥与追肥相结合，施用基肥是小麦高产的基础，对促进麦苗早发，培育壮苗，增加分蘖成穗率，均具有重要的作用。特别是春小麦，苗期短，分蘖少，更应重视基肥的施用。提倡秋施肥和种肥，结合除草抗病叶面追肥，但要获得高产、高效，还必须合理追肥，尤其是追加速效氮肥的施用。

## 10. 什么是小麦有机肥配施施肥技术？

小麦有机肥配施施肥，是根据小麦需肥规律、土壤供肥性能和肥料效应，以施有机肥为基础，合理确定氮、磷、钾及微量元素肥料的适宜用量、比例及其施用方法的一种优化施肥技术。

## 11. 什么是小麦氮肥后移栽培技术？

氮肥后移技术是将一次性底施氮素化肥改为底施与追施相结合；将底肥比例大的改为底施50%，追肥比例增加至50%，土壤肥力高的麦田底肥比例为30%～50%，追肥比例为50%～70%；同时将春季追肥时间后移，一般后移至拔节期，土壤肥力高、采用分蘖成穗率高的品种的地块可移至拔节中期至旗叶露尖时。

## 12. 小麦增施钾肥，补施微肥的好处是什么？

随着小麦产量的不断提高，以及氮、磷肥用量的不断增长，作物对钾肥、微肥的需求就会日益提高。特别是高产麦田，增施钾肥、微肥普遍表现出增产效果。大量实践证明，小麦亩增施氧化钾5千克，增产效果可达15%左右，叶面喷施硼、锰、钼等微肥，增产在10%左右，投资少、效益高。因此，增钾补微已经成为当前小麦生产提高质量、增高产量、增加效益的重要措施。

## 13. 微肥与小麦生长的关系如何？

小麦虽然吸收硫、锌、硼、锰、铜、钼等元素很少，但这些微量元素对小麦的生长发育却起着不可替代的重要作用。如果小麦缺少某种微量元素，就会出现严重的缺素症状，影响正常生长发育，甚至造成严重减产。例如锌在越冬前吸收较多，返青、拔节期缓慢上升，抽穗到成熟期吸收量最高，占整个生育期吸收量的43.3%。小麦幼苗生长阶段，锰营养不足会使麦苗基部出现白色、黄白色、褐色斑点，严重的叶片中部组织坏死、下垂。锰对小麦的叶片、茎的影响较大，缺锰的植株叶片和茎呈暗绿色，叶脉间呈浅绿色。缺硼的植株发育期推迟，雌雄蕊发育不良，造成小麦不能正常授粉、结实而影响产量。

## 14. 小麦施用沼肥有什么效果？

据在同等栽培条件下试验，在小麦的分蘖期、小花分化期或扬花灌浆期结合浇水每亩冲施 6 米$^3$ 沼肥，对照田只浇水。结果显示使用沼肥的比对照田小麦株高增加 15 厘米，并且秆粗秆壮，抗倒伏能力增强，亩穗数增加 11%、穗粒数增加 12%、千粒重有明显提高，小麦亩产提高 20.03%。可以看出，巧施沼肥是小麦高产创建的有效途径。近年来，我国农村户用沼气发展迅速，但是沼肥的利用率却很低。为了提高小麦产量和沼气的综合利用水平，保障沼气建设户持久受益，可以综合利用沼液促进小麦高产。

## 15. 什么是肥料利用率？引起肥料利用率低的原因有哪些？

肥料的施用方法科学不科学，直接影响肥料的利用率。肥料利用率就是作物所吸收的养分占施用这一养分总量的百分数。肥料的利用率又分为当季利用率和累加利用率。当季利用率即当季所施用的肥料被当季作物利用的部分的百分数；累加利用率是当季所施用的肥料被多季作物吸收利用部分的总和。

一般来讲目前我们国家有机肥中氮素的当季利用率为 20%、磷为 10%、钾为 30%左右。而累加利用率氮为 60%、磷为 70%、钾为 90%左右。化学氮肥的当季利用率为 30%、磷为 15%、钾为 45%左右；而累加利用率的氮为 45%、磷为 60%、钾为 85%左右。同施肥技术比较先进的国家相比，磷和钾的当季利用率要低一些，但累加利用率差不多。而差别最大的是氮肥利用率，如以色列、美国的氮肥当季利用率在 55%左右。为什么差别这么大，除了亩用量多少的影响外，主要是施用方法不同造成的。以色列多采用滴灌施肥的方式，把肥溶解在水中，直接滴在根部，肥料的利用率当然高。美国在氮肥的使用上，非常注重深施，基施的深度一般在 30 厘米左右，追施的深度也在 10 厘米以下，氮肥深施是提高氮肥利用率最有效的途径。

那么，除了作物吸收利用的养分外，其他养分的去向又是如何呢？氮素基本上全部损失掉。一部分变成气态氮挥发，一部分成为硝态氮进入土壤深层或地下水，不再为作物所利用。而磷和钾或其他的中微量元素肥料施入土壤后，除能在较长的时间被作物所利用外，不能被利用的部分也主要存在于土壤中，而不离开土体，只不过由原来溶解于水能被作物利用变为一些不溶解于水的物质而不能被作物吸收利用。也就是说所施用的磷肥和钾肥除了被作物吸收利用的外，不被利用的部分，绝大部分仍然存在于土壤中。很显然，不管是从累加利用率的大小来看，还是未被利用的去向看，今后我们国家提高肥料利用率的重点是提高氮肥的利用率。我们国家氮肥的利用率为什么低，与我们不科学的使用方式很有关。现在很多农民在施肥方法上是怎么省劲怎么来，该施肥了，既不考虑肥料的特性，也不考虑作物的需肥特性，把肥料撒在地表就算完成，有条件的浇浇水，无条件的靠雨水、靠露水，肥是施在地里了，但到底作物吸收了多少，无人知晓。

## 16. 提高肥料利用率的方法是什么？

肥料的利用率与施肥方法和施肥时期密切相关，实验表明：黑龙江省春小麦底肥在秋季深施肥，在气温达到 10 ℃以下进行秋施肥，施肥深度在 8～10 厘米，施肥量占总肥量的 2/3；种肥在春季播种前施入，追肥可在拔节期喷施叶面肥，保证小麦从地上到地下全生育期的肥料需求，可以达到肥料的最大利用率。

## 17. 什么是叶面肥？

用喷洒肥料溶液的方法，使植物通过叶片获得营养元素的措施称为叶面施肥。以叶面吸收为目的，将作物所需养分直接施用在叶面的肥料称为叶面肥。叶面施肥可使营养物质从叶部直接进入体内，参与作物的新陈代谢与有机物的合成过程，因而比土壤施肥更为迅速有效，因此，喷施叶面肥常作为及时治疗作物缺素症的有效措施。

## 18. 为什么要喷施叶面肥？

**（1）补充根部施肥的不足。**当作物出现根部施肥不足时，如在作物生长后期，根系活力衰退，吸肥能力降低，或者当土壤环境对作物生长不利时，如水分过多、干旱，土壤过酸、过碱，造成作物根系吸收受阻，而作物又需要迅速恢复生长，在根施方法不能及时满足作物需要时，只有采取叶面喷施，才能迅速补充营养，满足作物生长发育的需要。

**（2）迅速补充营养。**在作物生长过程中，已经表现出某些营养元素缺乏症，由于采用土壤施肥需要一定的时间养分才能被作物吸收，不能及时缓解作物的缺素症状。这时采用叶面施肥，能使养分迅速通过叶片进入植物体，解决缺素的问题。

**（3）充分发挥肥效。**某些肥料如磷、铁、锰、铜、锌肥等，如果作根施，易被土壤固定，影响施用效果，而采用叶面喷施就不会受土壤条件的限制。比如，一些果树和其他深根系作物某些营养元素吸收量比较少，如果采用传统的施肥方法难以施到根系吸收部位，也不能充分发挥其肥效，叶面喷施可取得较好的效果。

**（4）经济合算。**各种微量元素是作物生长发育过程中必不可少的营养物质，但施用量很少，例如钼肥，每亩施用量仅几十克，如果以根施方法会不易施匀。只有采取叶面喷施，才能达到经济有效。根据研究测算，一般作物在叶面喷施硼肥，对硼的利用率是基施的8倍。从经济效益上看，叶面喷施比根施要合算。

**（5）减轻对土壤的污染。**对土壤大量施用氮肥，容易造成地下水硝酸盐的积累，对人体健康造成危害。采取叶面施肥的方法，适当地减少土壤施肥量，能减少植物体内硝酸盐含量和土壤中残余矿质氮素。在盐渍化土壤上，土壤施肥可使土壤溶液浓度增加，加重土壤的盐渍化。采取叶面施肥措施，既节省了施肥量，又减轻了土壤和水源的污染，是一举两得的有效施肥技术。

## 19. 小麦叶面肥种类有哪些？

叶面肥的种类繁多，根据其作用和功能等可把叶面肥概括为营养型、调节型、生物型和复合型四大类：

**（1）营养型叶面肥。**此类叶面肥中氮、磷、钾及微量元素等养分含量较高，主要功能是为作物提供各种营养元素，改善作物的营养状况，尤其是适用于作物生长后期各种营养的补充。

**（2）调节型叶面肥。**此类叶面肥中含有调节植物生长的物质，如生长素、激素类等成分，主要功能是调控作物的生长发育等。适用于植物生长前期、中期。

**（3）生物型叶面肥。**此类肥料中含微生物体及代谢物，如氨基酸、核苷酸、核酸类物质。主要功能是刺激作物生长、促进作物代谢、减轻和防止病虫害的发生等。

**（4）复合型叶面肥。**此类叶面肥种类繁多，复合混合形式多样，功能有多种。这种叶面肥既可提供营养又可刺激作物生长调控发育。

## 20. 小麦叶面施肥有什么作用？

小麦从苗期到蜡熟前都能吸收叶面喷施的氮素营养，但不同生育期所吸收的氮素对小麦生长有不同的影响。一般认为，小麦生长前期叶面喷氮有利于小麦分蘖，提高成穗率，增加穗数和穗粒数，从而提高产量，而在生长后期叶面喷施氮肥可明显增加粒重，同时提高籽粒蛋白质含量，并能改善加工品质。

## 21. 肥料施用的注意事项有哪些？

**（1）尿素、碳酸氢铵等氮肥不能浅施、撒施或施用浓度过高。**尿素是酰胺态氮肥，含氮较高，施入土壤后除少量被植物直接吸收利用外，大部分须经微生物分解转化成铵态氮才能被作物吸收利用。碳酸氢铵的性质不稳定，若表层浅施利用率非常低，同时氮肥浅施追肥量大，浓度过高，挥发出的氨气会熏伤作物茎叶，造成肥害。正确的施用方法是：氮肥作追肥应开沟条施，深度5～10厘米，施后盖土，或作叶面肥喷施。

**（2）钙、镁、磷肥不能作追肥。**钙、镁、磷肥在水中不易溶解，肥效缓慢，不宜作追肥。特别是在小麦生长中期以后作追肥，其利用率低，效果差。正确施用方法是：钙、镁、磷肥作基肥与有机肥混施。施肥应掌握好浓度，以0.8%～1%为宜。

**(3) 过磷酸钙不能直接拌种。**过磷酸钙中含有3.5%～5%的游离酸，腐蚀性很强，直接拌种会降低种子的发芽率和出苗率。正确施用方法是：作种肥时应施在种子的下方或旁侧5～6厘米处，用土将肥料与种子隔开。

**(4) 锌肥与磷肥不能混合施用。**由于锌、磷之间存在很强的拮抗作用，将硫酸锌与过磷酸钙混合施用后，将降低硫酸锌的肥效。正确施用方法是：锌肥与磷肥应分开施，分别作基肥、苗肥施用，这样能提高磷、锌肥的肥效。

## 22. 有机肥和秸秆还田在麦田培肥中有什么作用?

有机质含量高的土壤保水保肥，是创高产的基本条件。目前，我国小麦主产区耕层土壤的有机质含量还不高，提高土壤有机质含量的方法是增施有机肥。在有机肥缺乏的条件下，主要提高途径就是秸秆还田。但是在许多地方，大量的作物秸秆和残茬未用于还田，而是置于田边地头以火烧之，浪费了大量的有机质，并严重污染了环境。单纯依靠化肥，不能提高土壤有机质含量，会使土壤容重、孔隙度等物理性状向不利于小麦生长发育的方向转化，也不能为高产麦田的小麦生长发育提供全面的有机养分和无机养分。重视秸秆还田，能优化麦田土壤的综合特性，增强小麦生产的后劲，是促进农业可持续发展不可忽视的大事。

## 23. 小麦秸秆还田后是否需要增施氮肥?

秸秆还田是解决有机肥不足的有效措施，但不少农户对该技术掌握不到位，秸秆还田后不增施氮肥。秸秆在腐烂过程中，要消耗一定量的氮，如施用氮肥不足，就会出现秸秆腐烂与麦苗生长争夺氮素而造成的“黄弱苗”。

## 24. 有机肥有什么功效?

**(1) 提高土壤的培肥地力作用。**有机肥料中的有机质增加了土壤中的有机质含量，使得土壤黏结度降低，沙性土壤保水保肥性能变强，从而使土壤形成稳定的团粒结构，便可以发挥良好的肥力协调供应能力。用过有机肥，土壤会变得疏松、肥沃。

**（2）提高土壤质量，促进土壤微生物繁殖。**有机肥料可以使土壤中的微生物大量繁殖，特别是许多有益的微生物，如固氮菌、氨化菌、纤维素分解菌等。这些有益微生物能分解土壤中的有机物，增加土壤的团粒结构，改善土壤组成。不但增加了土壤的透气性，还使土壤变得蓬松柔软，养分水分不易流失，增加了土壤蓄水蓄肥能力，避免和消除了土壤的板结。

**（3）提供农作物所需全面营养，保护农作物根茎。**有机肥料含有植物所需要的大量营养成分、微量元素、糖类和脂肪。有机肥还含有5%的氮、磷、钾三要素，45%的有机质，可为农作物提供全面的营养。同时，有机肥在土壤中分解，能够转化形成各种腐殖酸，它是一种高分子物质，具有很好的络合吸附性能，对重金属离子有很好的络合吸附作用，能有效地减轻重金属离子对作物的毒害，并阻止其进入植株中。

**（4）增强农作物抗病、抗旱、耐涝能力。**有机肥含有维生素、抗生素等，可增强农作物抗性，减轻或防止病害发生。有机肥施入土壤后，可增强土壤的蓄水保水能力，在干旱情况下，能增强作物的抗旱能力。同时，有机肥还可使土壤变得疏松，改善作物根系的生态环境，促进根系的生长，增强根系活力，提高作物耐涝能力，减少植物的死亡率，提高了农产品的生存率。

**（5）提高食品的安全性、绿色性。**有机肥料是生产绿色食品的主要肥源。由于有机肥料中各种营养元素比较全面，而且这些物质完全是无毒、无害、无污染的自然物质，这就为生产高产、优质、无污染的绿色食品提供了必需条件。

**（6）提高农作物产量。**有机肥中的有益微生物利用土壤中的有机质，产生次级代谢物，其中含有大量的促生长类物质。如生长素，能促进植物伸长生长；脱落酸能促进果实成熟；赤霉素能促进开花结实，提高产量，达到增产增收的目的。

**（7）减少养分流失，提高化肥利用率。**化肥的实际利用率只有30％～45％。损失的化肥一部分分解释放到大气中，一部分则随着水土流失掉了，还有一部分被固定在土壤中，不能被植物直接吸收利用。当施入有机肥后，由于有益生物活动改善了土壤结构，增加了土壤保水保肥能力，从而减少了养分的流失。加上有益微生物解磷、解钾作用，能使化肥有效利用率提高到50％以上。

CHAPTER 6 第六部分

# 小麦病虫草害诊断与防治

## 1. 怎样进行小麦苗情诊断？

小麦苗情状况是采取促控措施的依据，诊断苗情的方法，一是植株形态诊断法，二是营养诊断法，前者简便实用，后者由于目前未研制出简洁、准确、方便的诊断仪器，在生产中使用受到限制。小麦植株在生长发育过程中的外部形态，如长相、长势和叶色等，一定程度上反映了内部的营养状况和生理变化，可作为采取促控措施的主要依据。

长相是植株及其各器官生长状况的总的表现，包括基本苗数及其分布状况，叶片的形态和大小，挺举或披垂，分蘖的发生是否符合叶蘖同伸规律，分蘖消长和叶面积指数的变化情况是否符合高产的动态指标。

长势是指植株及其各个器官的生长速度。经验表明，心叶出生速度能较好地反映长势好坏。当倒二叶（观察时最上一片已展开的叶）刚展开时，心叶已达到它的长度的一半左右，表明心叶出生较快，麦田健壮，长势良好；如果此时心叶尚未露尖或很小，表明麦苗长势差，不健壮；心叶尚未展开而上片叶已经露尖，表明生长过旺。在正常情况下，长势和长相是统一的，但在温度较高、肥水充足、密度较大而光照不足的情况下，可能长势旺而长相不好；在土壤干旱或气温低时，有可能长相好而长势不旺。

小麦的不同生育阶段，由于生长中心的转移和碳氮代谢的变化，叶色呈现一定的青黄变化。氮素变化为主时，叶色深绿；碳素代谢旺盛时，叶色褪淡。苗期以氮代谢为主，干物质积累较少，叶色深绿是氮代谢正常的表现。拔节阶段，幼穗和茎叶生长都大大加快，需要碳水化合物较多，碳氮代谢为主，叶色又变深绿。开花后主要是碳水化合物的形成和向籽粒转运，叶色又褪淡。如果叶色按上述的规律变化，即表明生长正常，如果叶色该深的不深，表明营养不足，生长不良；该褪淡的不褪，表明营养过头，生长过旺。但必须指出，叶色深浅会因品种的不同而有一定差异，诊断时应该注意。

## 2. 小麦病害主要分哪几类？

小麦病害可根据病原或病因不同分为以下 5 类：①真菌病害。如小麦锈病、白粉病、纹枯病、赤霉病等。②细菌病害。如细菌性条斑病、黑节病等。③病毒病害。如土传花叶病毒病、黄矮病毒病、丛矮病等。④线虫病害。如禾谷胞囊线虫病、根腐线虫病等。⑤生理病害。如缺素症、湿害、冻害、旺长等。

## 3. 小麦病虫害综合防治应抓好哪几个关键时期？

小麦病虫害种类虽有很多，但往往集中于几个关键时期。在认真落实农业综合防治措施的基础上，要抓好以下关键时期：①播种期。综合拌种和土壤处理。②返青拔节期。可用三唑酮或腈菌唑早期控制白粉病和锈病。③扬花灌浆期。一喷多防，综合施药，即喷药防治病害、虫害和防御干热风危害。

## 4. 怎样进行小麦氮素营养诊断与失调症防治？

**（1）小麦缺氮症状。**植株生长缓慢，个体矮小，分蘖减少；叶绿素合成受阻，叶色褪淡，老叶黄化，早衰枯落；茎叶常带有红色或紫红色；根系细长，总根量减少；幼穗分化不完全，穗形较小。缺氮不十分严重时，结实虽然良好，籽粒与秸秆的比值也有所提高，但成熟提早，产量和品质下降。由于缺氮时细胞壁相对较厚，抗病、抗倒伏能力有所增强。

**（2）小麦氮过剩症状。**植株体内含氮有机化合物合成猛增，碳水化合物消耗过多，细胞大而壁薄，含水量增加，长势过旺，引起徒长；叶面积增大，叶色加深，造成郁蔽；机械组织不发达，比水稻氮过剩时更易倒伏，易感病虫害，减产尤为严重，品质变劣。

**（3）小麦缺氮症的发生条件。**①沙质土壤、有机质贫乏的土壤及新垦滩涂等熟化程度低的土壤，易发生缺氮。②土壤肥力不匀，易发生斑状缺氮。③不施基肥。④大量施用高碳氮比的有机肥料，如秸秆等。

**（4）小麦氮过剩症发生在以下情形。**①前茬作物施氮过多，土壤中残留大量的可溶性氮。②追肥施氮过多、过晚。③偏施氮肥，且磷、钾肥配施不足。

**（5）小麦氮素营养诊断。**分蘖期至拔节期土壤速效氮（以N计）的诊断指标为：低于20毫克/千克为缺乏；20～30毫克/千克为潜在性缺乏；30～40毫克/千克为正常；高于40毫克/千克为偏高或过量。当小麦拔节期功能叶全氮量（N）低于35毫克/千克（干重）为缺乏；35～45毫克/千克为正常；高于45毫克/千克为过量。

**（6）小麦缺氮症的防治措施。**①培肥地力，提高土壤供氮能力。对于新开垦的、熟化程度低的，有机质贫乏的土壤及质地较轻的土壤，要增加有机肥料的投入，培肥地力，以提高土壤的保氮和供氮能力，防止缺氮症的发生。②在大量施用碳氮比高的有机肥料如秸秆时，应注意配施速效氮肥。③在翻耕整地时，配施一定量的速效氮肥作基肥。④对于地力不匀引起的缺氮症，要及时追施速效氮肥。

**（7）小麦氮过剩的防治措施。**①根据作物不同生育期的需氮特性和土壤的供氮特点，适时、适量地追施氮肥，应严格控制用量，避免追施氮肥过晚。②在合理轮作的前提下，以轮作制为基础，确定适宜的施氮量。③合理配施磷、钾肥，以保持植株体内氮、磷、钾的平衡。

## 5. 小麦苗期发黄怎么办？

小麦苗期若出现麦苗长势弱、心叶小、根系差、叶片发黄、生长缓慢的情况，必须查清原因、区别情况、分类管理，为后期的丰收奠定坚实基础。

**(1) 整地粗放黄苗。**麦播时期，有的地方为了抢时播种，麦田犁地时太湿，天晴日晒，土壤板结，加之耙地不细，造成土地悬空不实，小麦根系扎得不好，形成缩心、叶黄、苗瘦，麦苗生长缓慢。对这类麦苗要及时镇压，粉碎坷垃，或浇水中耕，塌实土壤，补施肥料，促使转绿壮长。

**(2) 脱肥缺素黄苗。**苗期缺肥，对小麦生长影响很大。缺氮时，先从叶尖黄起，然后逐渐向下扩展，幼苗细弱，叶窄而短，色泽发黄，根少蘖少；缺磷则根系发育差，苗小叶黄，叶尖发紫，生长缓慢；缺钾时生长缓慢，茎叶矮小，叶片呈深绿或蓝绿色，叶尖及边缘枯黄，严重时整叶枯死，根系生长差。这类苗的对策：缺氮应在麦苗 3 叶期及时追施分蘖肥，亩施尿素 8～10 千克；缺磷则亩追过磷酸钙 25 千克或用 3%～5%的过磷酸钙浸出液在叶面喷洒；缺钾时亩追氯化钾 8～10 千克，或磷酸二氢钾 150 克，对水 50～75 千克，在叶面喷洒。

**(3) 大播量的稠密黄苗。**播量过大，麦苗稠密拥挤，幼苗之间发生争肥、争水，麦苗会因争光而出现“假性”旺长，即麦农所说的“苗挤苗胜似草荒苗”。其后果是群体过大，分蘖质量下降，无效分蘖增多，穗粒矛盾加剧，抗逆性减弱或至出现倒伏。所以对局部稠密处，应该进行人工疏苗。

**(4) 土壤盐碱重的黄苗。**如土壤盐碱含量高，使土壤溶液浓度增加，渗透压变高，阻碍麦根对水分和养分吸收，形成小麦植株瘦小，对这类麦田，应及时中耕松土，减少地面蒸发，防止返盐。也可采用灌水或开沟排盐法，降低土壤含盐量。

**(5) 倒春寒造成小麦叶片发黄。**生产上表现为前几天麦苗青绿，突然间叶片发黄，且发黄比较均匀，而非点片发黄。解决措施：根据苗情、墒情加强肥水管理。

**(6) 麦苗悬根导致的黄苗。**麦田播前整地质量差，播后未进行镇压的，小麦浇水塌墒后极易造成土壤悬根使麦苗出现浇水前正常，浇水后反而发黄的现象。解决措施：秸秆还田要结合增施氮肥、播前造墒、播后镇压等措施。

**（7）虫害造成的黄苗。**如麦蜘蛛在小麦叶片背面吸取汁液，造成叶片发黄。防治措施：在小麦拔节前后每亩用20%马拉·辛硫磷50～60克，或5%阿维菌素5～8毫升，对水30千克喷雾。

**（8）除草剂中毒造成黄苗。**除草剂与农药不同，对防治时期和防治剂量要求十分严格，施用不慎，轻则穗部畸形，重则药害黄苗。解决措施：要及时喷施调节剂、叶面肥或解毒药物如赤霉素，每亩用药2克对水50千克均匀喷洒麦苗，可刺激麦苗生长，减轻药害。有条件的可以灌一次水，增施分蘖肥，以减缓药害的症状和危害。

## 6. 小麦苗期出现死苗怎么办？

小麦出现死苗原因很多，如病害、地下害虫、冻害、药害等，近几年秸秆还田量加大，整地质量差也会引起小麦死苗。

**（1）地下害虫。**主要有金针虫、蛴螬、蝼蛄。对麦苗造成的危害往往是沿着麦行一段一段青绿干死，且能在死亡麦苗的地下土壤中能找到害虫。死苗率达3%时，应进行药物防治。对于金针虫、蛴螬重发区，亩用40%辛硫磷乳油300克，加水2～3千克，喷于25～30千克细土中制成毒土，顺麦垄均匀撒入地面，随即浅锄。对于蝼蛄重发区，每亩用5～10千克炒香的谷子、麸皮、豆饼或油渣等作为诱饵，拌入诱饵量1%的40%辛硫磷乳油，拌匀后顺垄撒在田间或蝼蛄洞穴口或晚上出没活动区域，也可以直接傍晚用40%辛硫磷乳油800倍液或80%敌敌畏乳油2000～2500倍液，将喷雾器拧去喷头对蝼蛄拱起的隧道及周围小麦根系进行喷施灌根。

**（2）病害。**小麦根腐病、纹枯病、全蚀病都是造成小麦死苗的主要病害。小麦根腐病主要症状为芽鞘上产生黄褐色至褐黑色梭形斑，产生黑色霉状物，最后根系腐烂，病株逐渐变黄而死。小麦纹枯病苗期的症状主要表现是小麦的地下茎上有褐色病斑，或椭圆形病斑，麦苗逐渐变黄枯死。可在小麦苗期或小麦返青后亩用12.5%烯唑醇可湿性粉剂2500倍液喷雾，或亩用25%丙环唑乳油40～50毫升或亩用30%苯甲·丙环唑乳油20～30毫升，加水40～50千克顺麦垄喷洒幼苗，隔7～10天再喷一次。喷药应喷匀、喷透，使药液充分浸透根、茎，土壤干旱时要适当加大用水量。

**（3）冻害。**防治冻害死苗可适时灌溉。墒情好的地块可以用秸秆或农家肥适当覆盖麦苗。提高地温，减少冻害死苗。

**（4）药害。**除草剂或防治病虫害的药剂用量过大，会引起死苗。要及时进行肥水管理，喷施芸薹素或碧护等调节剂，加海藻酸或腐殖酸叶面肥加磷酸二氢钾，以减缓药害的症状和危害。

**（5）整地质量差。**秸秆还田量过大，整地粗放，播种质量差，麦苗根系悬空，生长瘦弱，易落干死亡。可结合灌溉、划锄等措施，粉碎坷垃，塌实土壤，减少死苗。

## 7. 小麦发生冻害怎么办?

**（1）因苗施肥。**春季受冻麦田，应分类管理。冻害轻的麦田，以促进温度升高为主，产生新根后再浇水；冻害重的麦田可以早浇水、施肥，防止幼穗脱水死亡。幼穗已受冻的麦田，应追施速效氮肥，每亩施硝酸铵10～13千克或碳酸氢铵20～30千克，并结合浇水、中耕松土，促使受冻麦苗尽快恢复生长。

**（2）清沟理墒。**农谚中有“麦田多起三条沟，别人不好我也收”之说。对受冻的小麦，更要降低地下水位，注意养护根系，增强其吸收能力，以保证叶片恢复生长和新分蘖发生及成穗所需养分。

**（3）中后期肥水管理。**受冻小麦由于养分消耗较多，后期容易发生早衰，在春季追肥一次的基础上，应看麦苗生长发育状况，依其需要，在拔节期或挑旗期适量追肥，普遍进行磷酸二氢钾叶面喷肥，促进穗大粒多，提高粒重。

**（4）加强病虫害防治。**小麦受冻害后，自身长势衰弱，抗病能力下降，易受病菌侵染。要随时根据当地植保部门测报进行药剂防治。

## 8. 怎样防止小麦早衰？

**(1) 浇灌浆水。**灌浆水对延缓小麦后期衰老，提高粒重有重要作用。一般应在小麦开花 10 天左右，浇灌浆水，以后视天气状况再浇水。

**(2) 防治病虫害。**小麦生育后期尤其是高产田块常发生病虫危害，主要有白粉病、锈病、赤霉病、叶枯病、蚜虫、小麦黏虫等危害，如不能及时防治会大幅度降低小麦千粒重和品质。

**(3) 叶面喷肥。**在小麦抽穗期和灌浆期叶面喷施微肥或生长调节剂，能延长功能叶的寿命，提高光合能力，增加粒重。

**(4) 适时收获。**在蜡熟末期收获最佳。

## 9. 什么是"一喷多防"？

小麦抽穗到收获阶段，主要病虫害有白粉病、条锈病、赤霉病、叶枯病、颖枯病、麦蚜、吸浆虫等，为确保小麦丰收，病虫害应立足同时防治。①抽穗扬花初期及时喷药防治吸浆虫、预防赤霉病。抽穗扬花初期是小麦吸浆虫成虫羽化产卵高峰，也是感染赤霉病的关键时期，可亩用 70％甲基硫菌灵可湿性粉剂 500～600 倍液加 4.5％高效氯氰菊酯乳油 1 000 倍液喷雾，可起到治虫防病的双重效果。②灌浆期混合施药，防治麦蚜、预防病害、促进灌浆。灌浆期是小麦产量提高的关键期，同时也是麦蚜、白粉病、叶锈病等病虫害发生盛期，当百穗有蚜虫 800 头时应及时喷药防治，可亩用 30％氯氟·吡虫啉悬浮剂 4～5 毫升或 10％吡虫啉可湿性粉剂 25～30 克加 50％叶菌唑水分散粒剂 10 克或 30％肟菌·戊唑醇悬浮剂 40～50 毫升加 0.2％磷酸二氢钾加碧护 2 克混合喷雾，间隔 7～10 天再喷一次。③灌浆后期预防叶枯病、颖枯病、干热风。小麦灌浆后期易受叶枯病、颖枯病、干热风危害，可用 50％多菌灵可湿性粉剂 500 倍液加 0.2％磷酸二氢钾混合喷雾预防。

## 10. 药剂拌种可以防治哪些小麦病虫害？

药剂拌种可以控制地下害虫（蝼蛄、金针虫、蛴螬）、种子和土壤带菌传播的病害（腥黑粉、散黑穗、秆黑粉、纹枯）以及有昆虫传播的丛矮病和黄矮病等。

防治小麦苗期白粉和纹枯病可每100千克小麦种子用3%苯醚甲环唑悬浮种衣剂200～300毫升，或6%戊唑醇悬浮种衣剂50～60克，或2.5%咯菌腈悬浮种衣剂150～200克进行拌种处理。防治小麦黑穗病，可用50%多菌灵可湿性粉剂200克拌种100千克，拌种时，先将药剂以少量水稀释，用喷雾器把药液喷到种子上，边喷边拌，堆闷3～5小时左右在阴凉处晾干后播种。

防治地下害虫可用40%辛硫磷乳油按1∶100∶500（农药∶水∶种子）拌种，或50%二嗪磷乳油1∶100∶300拌种，或按照每100千克小麦种子用47%丁硫克百威种子处理乳剂150～200克进行拌种，拌种时先将农药按要求比例加水稀释成药液，再与种子混合拌匀，堆闷3～5小时，摊在阴凉通风处晾干后即可播种。

杀虫、杀菌剂混合拌种。对小麦黑穗病、地下害虫及苗期多种病虫混合发生区，可采用杀虫剂、杀菌剂混合拌种，拌种的用药量必须严格按照要求进行，一般先将杀虫剂按要求比例加水稀释成药液，用喷雾器将药液均匀喷洒于种子，堆闷3～4小时摊开晾干后再拌杀菌剂，或直接选用苯醚·咯·噻虫、苯醚·吡虫啉、烯肟·苯醚·噻虫等杀虫杀菌剂复配的种子处理药剂按照推荐用量和使用方法进行拌种后直接播种。拌种时须注意的是三唑酮拌种要干拌，若用其他药剂进行湿拌，拌匀后立即晾干，严禁多种药剂混拌种，严禁随意加大用量，以免发生药害。

## 11. 怎样防治小麦白粉病？

小麦白粉病在小麦整个生育期均可发生，主要危害叶片，严重时也危害叶鞘、茎秆和穗部，通常叶面病斑多于叶背，下部叶片较上部叶片受害重，典型病状为病部覆有一层白色粉状霉层。组织受侵染后，先出现白色绒絮状霉斑，逐渐扩大并相互联合长成椭圆形的较大霉斑或不规则形霉斑，表面呈粉状，严重时粉状霉层覆盖叶片大部分或全部，霉层厚度可达 2 毫米左右，后期霉层渐变为灰色至灰褐色，上面散生黑色小颗粒（闭囊壳）。霉层下面及周围的寄主组织褪绿。病叶早期黄化、卷曲并枯死。茎和叶鞘受害后，植株易倒伏。重病株通常矮缩不抽穗。

综合防治方法：一是种植抗病品种；二是麦收后及时灭茬翻耕，消灭自生麦苗，减少越夏菌源；三是合理密植，合理施肥；四是认真抓好药剂防治工作，当田间出现病叶时可选用 15%粉锈宁可湿性粉剂 75 克/亩或 20%粉锈宁乳油 50 毫升/亩对水 40～50 千克喷雾防治，连治 1～2 次。

## 12. 小麦赤霉病症状有何特点？

小麦赤霉病在小麦各生育期均能发生，苗期发病引起苗枯，成株期发病则形成茎基腐烂和穗枯，以穗枯危害最为严重。被害小穗开始基部呈现水渍状，后期失绿褪色而呈褐色至灰白色，湿度大时颖壳的合缝处生出一层明显的粉红色霉层（分生孢子）。一个小穗发病后，可向上、下两个方向蔓延，危害相邻的小穗，并可伸入穗轴内部引起穗轴变褐坏死，导致上部没有发病的小穗因得不到水分而提早枯死。发病后期病部潮湿时出现黑色粗糙颗粒（子囊壳）。病穗籽粒皱缩干瘪，苍白色或紫红色，有时表面有粉红色霉层。

如种子带菌可引起苗枯症状，使胚根鞘及胚芽鞘呈现黄褐色水渍状腐烂，地上部叶色发黄，重者幼苗未出土即死亡。茎基腐则主要发生于茎的基部，使其变褐腐烂，严重时整株枯死。

## 13. 小麦赤霉病发生流行与哪些因素有关？

**（1）气候条件。**小麦抽穗杨花期的降水量、降雨日数和相对湿度是病害流行的主导因素，抽穗后降雨次数多、降水量大、日照时数少是小麦赤霉病大发生的主要原因。此外，穗期多雾、多露，或灌水次数多，田间相对湿度高，也可加剧病害发生。

**（2）菌源数量。**有充足菌源的重茬地块和距离菌源近的地块发病严重。影响苗期发病的主要原因是种子带菌量，种子带菌量大或种子不进行消毒处理，病苗和烂种率高。土壤带菌量则与茎基腐发生轻重有一定关系。

**（3）品种抗病性和生育时期。**小麦不同品种间对赤霉病的抗性存在一定差异，但尚未发现免疫和高抗品种。从生育时期看，小麦整个生育期均可受害，但以开花期感病率最高，开花以前和落花以后则不易感染，说明病菌的侵入时期受到寄主生育期的严格限制。

**（4）栽培条件。**地势低洼，排水不良，或开花期灌水过多，造成田间湿度较大，有利于发病。麦田施氮肥较多，植株群体大，通风透光不良或造成贪青晚熟，病情加重。另外，秸秆还田或免耕措施导致田间遗留大量病残体和菌源，也会加重发病趋势。小麦成熟后因降雨不能及时收割，收割后若遇雨不能及时脱粒，或收割期内大量籽粒进入晒场，仍可导致赤霉病的继续危害或造成霉垛、霉堆。

## 14 怎样防治小麦赤霉病？

小麦赤霉病菌在抽穗开花时入侵危害小穗，抽穗扬花期的雨日，雨量和相对湿度是决定病害流行的重要因素。该病害主要发生在穗期，引起穗腐，穗腐在小麦扬花期后出现。最初在颖壳上呈现边缘不清晰的水渍状褐色斑，逐渐扩大至整个小穗，小穗随后枯黄。湿度大时，病斑处产生粉红色胶状霉层。后期其上产生密集的黑色小颗粒（病菌子囊壳）。用手触摸，有凸起感觉，不能抹去，籽粒干瘪并伴有白色至粉红色霉。小穗发病后扩展至穗轴，病部枯褐，使被害部以上小穗，形成枯白穗。该病害防治的最佳时期为抽穗扬花初期（扬花株率5%～10%），如果天气预报扬花期多雨高湿就应抓紧喷药，若小麦边抽穗边扬花，则应提前至齐穗期施药，施药宜抢雨前进行，如施药关键时期遇雨，则于雨停间隙喷施。若品种严重感病或花期连续高温多雨或多雾露霾，或生育期不整齐，扬花期持续7天以上，应在药后7天左右再喷施防治一次。药剂每亩可用30％丙硫菌唑可分散油悬浮剂40～45毫升，或40％丙硫菌唑·戊唑醇悬浮剂30～50毫升，或20％氰烯菌酯·己唑醇悬浮剂120～140毫升等高效、优质、对路、安全、内吸性好、持效时间长的药剂。喷药时要对准小麦穗部均匀喷施，通常要用足药量，加足水量，以确保防治效果，若小麦灌浆期持续阴雨，则宜在雨停间隙再喷施一次。如扬花期遇到阴雨天气，5～7天后可再喷一次，以确保防治效果。

## 15. 小麦赤霉病防治的综合方案有哪些？

防治小麦赤霉病应采取以农业防治和减少初侵染菌源为基础，充分利用抗病品种，及时喷施杀菌剂相结合的综合防治措施。

**(1)** 种植抗病品种。

**(2)** 播种时应精选种子，减少种子带菌率，播量不宜过大，以免造成植株群体过于密集影响通风透光，控制氮肥使用量，实行按需合理施肥，氮肥作为追肥时不能太晚。小麦扬花期应少灌水，更不能大水漫灌，多雨地区注意排水降湿。

**(3)** 采取必要措施消灭或减少初侵染菌源，扬花期要尽可能处理完麦秸、玉米秸等植株残体，上茬作物收获后应及时翻耕灭茬，小麦成熟后及时收割，尽快脱粒晒干，减少霉垛和霉堆造成的损失。

**(4)** 可用50％多菌灵可湿性粉剂每100千克种子用药100～200克拌种，或用适乐时、苯醚甲环唑等种衣剂包衣。田间防治可亩用30％丙硫菌唑可分散油悬浮剂40～45毫升，或40％丙硫菌唑·戊唑醇悬浮剂30～50毫升，或20％氰烯菌酯·己唑醇悬浮剂120～140毫升，或200克/升氟唑菌酰羟胺50～65毫升对水混匀对准小麦穗部喷雾进行防治。

## 16. 比较小麦根腐病和茎基腐病的症状特点、病原种类及防治方法？

**(1) 小麦根腐病症状特点。**引起小麦根腐病的病原菌为禾旋孢腔菌，属子囊菌门旋孢腔菌属，无性态为麦根腐双极蠕孢，属无性类真菌双极蠕孢属。该病在小麦各生育期均可发生，苗期形成苗枯，成株期形成根腐、叶枯、穗枯、籽粒黑胚等症状。由于受害时期、部位和症状的不同，因此有根腐病、叶枯病、黑胚病等名称。在干旱半干旱地区，常形成根腐症状，潮湿地区还可发生叶枯、穗枯和黑胚等症状。

**(2) 小麦根腐病的防治。**

①选用抗病品种和种子消毒处理，播种前用三唑类杀菌剂拌种或包衣，可有效减轻根腐病的发生。②加强栽培管理，如与非寄主作物实行1～2年轮作，麦收后及时翻耕灭茬，减少菌源。播前精细整地，施足基肥，适时播种，播种深度3～4厘米为宜，不可过深。③发病初期及时喷药进行防治，常用药剂有多菌灵、氰烯菌酯、戊唑醇、叶菌唑、丙硫菌唑、烯唑醇、丙环唑等。

**(3) 小麦茎基腐病症状特点。**该病主要由假禾谷镰孢、黄色镰孢以及禾谷镰孢等真菌侵染所致。该病害症状较为复杂，主要包括烂种、死苗、茎基部褐变和白穗症状：①播种后如条件适宜，病害可导致烂种或死苗。苗期受到侵染后，茎基部叶鞘和茎秆变褐，严重时可引起根部腐烂，导致麦苗发黄死亡。②茎基部褐变，成株期发病，一般在茎基部的1～2个茎节变为褐色或巧克力色，严重时可扩展至茎秆中部。潮湿条件下，发病茎节处可见红色或白色霉层。③白穗，灌浆期随病害发展，发病严重的病株可形成白穗症状，籽粒秕瘦甚至无籽。如生长后期多雨潮湿，由于腐生菌的作用，病穗多由枯白色变为暗黑色。

**(4) 小麦茎基腐病防治。**

①重病田避免秸秆还田，最好收获时低留茬并将秸秆清理出田

间进行腐熟。必需还田时应尽量粉碎，及早中耕或深翻或施用腐熟剂加速腐解。适时播种，避免早播，有条件时可与十字花科、豆类、蔬菜等双子叶作物进行2～3年轮作。施肥时控制氮肥用量，适当增施磷、钾肥和锌肥。②使用药剂拌种或包衣，常用多菌灵拌种或苯醚甲环唑、灭菌唑、种菌唑、戊唑醇等杀菌剂包衣。苗期或返青拔节期用多菌灵、烯唑醇等药剂茎基部喷雾也有一定防效。③选用种植抗病品种。

## 17. 怎样防治小麦纹枯病？

小麦纹枯病为土传真菌病害，对土壤湿度比较敏感，在高湿条件下易发生和流行，尤其是小麦群体过大、田间荫蔽、偏施氮肥的田块，纹枯病发生重。近年来，小麦纹枯病已成为黄淮麦区东部的小麦主要病害之一，防治上要以防为主，防治结合，并且要改进防治方法，提高防效。

**（1）选用种植相对抗（耐）病品种。**

**（2）进行药剂拌种，预防病害的发生。**

**（3）加强田间管理，减轻病害发生。**在不影响冬前形成壮苗的前提下适当推迟播种期，降低播种量。合理运筹肥水，注意增施磷、钾肥，春季追施氮肥时期后移，以提高植株的抗病能力；在春季田间出现旱象时，应避免大水漫灌。另外对田间杂草要及时进行划除，以增强田间通风透光性能，减轻病害发生程度。

**（4）抓住关键时期，突击防治。**建议在小麦返青后期至拔节期田间病株率达10%以上田块，要及时喷药防治，发生为害较重时，间隔7～10天再喷药防治1次。药剂可亩选用300克/升苯甲·丙环唑乳油25～30毫升，或25%丙环唑乳油40毫升，240克/升噻呋酰胺悬浮剂20～25毫升，或20%唑醚·氟环唑悬浮剂20～25毫升，选择上午有露水时施药，并适当增加用水量，确保药液能淋到麦苗基部以提高防治效果。

**（5）开展叶面施肥，减少病害损失。**小麦纹枯病开始时危害叶鞘，严重时侵入茎秆，阻止养分输送，严重影响小麦产量。在小麦生育后期进行药肥混喷，喷施磷酸二氢钾等叶面肥，可以增强植株的抗病能力，获得较好的增产效果。

## 18. 怎样防治小麦黄花叶病毒病？

被小麦黄花叶病毒病侵染的小麦在2月中旬显症，嫩叶上呈现褪绿条纹或黄花叶症状，在老叶上常出现坏死斑。3～5月气温升高后，花叶症状逐渐消失，新叶无症状，但是分蘖减少。感病植株通常麦穗短小，发育不全。防治方法：①临近病区的田块，在翻耕土地时注意避免与病区交叉使用农机具，避免通过带病残体、病土等途径传播。②结合当地情况选择具有优良农艺性状的抗、耐病品种。③与油菜、大麦或蔬菜作物等进行多年轮作可减轻发病。④适时迟播，为保证一定的亩穗数，可以适当增加播量。⑤增施基肥，提高苗期抗病能力。注意返青拔节期的水肥管理，提前增施氮肥。

## 19. 如何运用农业措施预防土传和虫传小麦病毒病？

小麦病毒病是指由病毒引起的一类小麦病害，国内已经报道的种类有20多种，其中危害比较严重的有：小麦黄矮病、小麦丛矮病、土传小麦花叶病、小麦黄花叶病、小麦梭条斑花叶病、小麦红矮病、小麦线条花叶病。利用栽培农艺措施可有效防治：一是轮作换茬。如发生小麦梭条花叶病的田块可以改种大麦，发生大麦黄花叶病的田块可以改种小麦。小麦条纹叶枯病重发区应尽可能减少稻麦连作。二是选用抗耐病品种。小麦梭条花叶病发生田可以选用镇麦5号、宁麦13、宁麦14、郑麦9023等抗梭条花叶病品种，控制病害发生和蔓延。三是耕翻播种。有稻套麦习惯的地区实行耕翻灭茬播种，以降低灰飞虱越冬基数，减轻小麦条纹、叶枯病危害，同时控制麦田草害。

## 20. 怎样防治小麦黑穗病？

麦类黑穗病主要有腥黑穗病和散黑穗病，主要危害麦穗和籽粒，可造成严重减产。

**（1）症状识别。**腥黑穗病病株一般较矮，分蘖增多，病穗较短而直立，初为灰绿色，后变为灰白色，颖壳外线露出病粒，病粒短而肥，外包一层灰褐色膜，内充满黑粉。散黑穗病病株抽穗略早，症状在小麦穗部最为明显，其小穗全部被病菌破坏，子房、种皮和颖片均变为黑粉，初期病穗外包一层灰色薄膜，病穗抽出后不久膜即破裂，黑粉（厚垣孢子）随后飞散，仅剩穗轴。

**（2）发病规律。**黑穗病是由真菌引起的病害，其形成的黑粉即为病菌的冬孢子，条件适宜时冬孢子萌发形成孢子侵染小麦。

**（3）防治措施。**①选用抗病品种。②建立无病种子田。③药剂拌种。每100千克小麦种子可用3%苯醚甲环唑悬浮种衣剂200～300毫升，或用4%咯菌·噻霉酮悬浮种衣剂100～150毫升，或用4.8%苯醚·咯菌腈悬浮种衣剂250～300毫升拌种，对两种小麦黑穗病均有效。

## 21. 怎样防治小麦全蚀病?

小麦全蚀病是一种根腐和茎腐性病害，由比较严格的土壤寄居菌引起的。其防治方法有：一是无病区加强检疫，防止病害传入；二是新病区要采取扑灭措施，进行深翻改土，改种非寄主作物，老病区采取稻麦轮作，控制病害蔓延；三是药剂防治，病田在小麦拔节期，每亩用15%粉锈宁可湿性粉剂100克或20%粉锈宁乳油75毫升对水40～50千克喷施，可兼治锈病、白粉病，也可亩用12.5%硅噻菌胺悬浮剂20～30毫升，或80亿个/毫升地衣芽孢杆菌水剂500倍液，或30%苯醚·丙环唑乳油20～30毫升喷雾防治。

## 22. 小麦害虫的防治方法分几类?

传统的小麦害虫防治方法主要有农业防治、物理防治、生物防治和化学防治等。近年来，又新兴了一种生态调控方法。

**（1）农业防治。**采用种植抗虫品种减轻害虫危害（如吸浆虫等），或者调整播期错过害虫成虫产卵高峰期等来避免害虫危害（如皮蓟马等），或采用间种不同作物或不同作物轮作（如小麦和水稻轮作对地下害虫有效）等农业防治方法。

**（2）物理防治。**采用灯光（杀虫灯）来诱杀鳞翅目成虫、金龟子、步甲等具有趋光性的成虫；利用颜色（黄板）来诱杀蚜虫、吸浆虫等趋色性的害虫。采用灯光和黄板诱杀效果显著。

**（3）生物防治。**采用昆虫天敌（寄生蜂、瓢虫、草蛉等）的大规模饲养释放和病原菌（白僵菌、绿僵菌等）的大量培养施用，能有效杀死害虫，保护生态环境。同时，采用不同作物间作套种，能使天敌在不同作物间转移，以加强天敌的保护利用，来有效控制小麦害虫的暴发成灾。

**（4）化学防治。**直接喷洒化学杀虫剂，控制害虫的暴发成灾。在使用化学农药时应选用高效、低毒、低残留，且能有效保护天敌的环境友好型农药，确保不破坏生态环境。

**（5）生态调控。**减少小麦单一作物的连片大范围种植；采用小麦与油菜、蚕豆、蔬菜等作物间作套种；采用小麦与水稻轮作，可以有效降低小麦害虫的危害，确保小麦稳产高产。

## 23. 怎样防治小麦吸浆虫？

小麦吸浆虫主要有红吸浆虫和黄吸浆虫，沿河平原低洼区以红吸浆虫为主，西北麦区以黄吸浆虫为主。小麦吸浆虫的最佳防治时期有蛹期和成虫期防治。蛹期（小麦抽穗期）防治措施：土壤查虫时每取土样方（10 厘米×10 厘米×20 厘米）有 2 头蛹以上，就应该进行防治。防治方法：每亩用 5%毒死蜱颗粒剂 1～2 千克，或 15%毒·辛颗粒剂 0.5 千克，或 2.5%甲基异柳磷 1.5～2 千克，与15～20千克过筛细沙或细土拌匀制成毒土直接均匀撒施田间地表，或直接撒施药剂，落在叶片上药剂或毒土要及时用树枝等辅助物扫落地面上。土壤干燥的田块施药后应及时浇水，以提高防效。成虫期（小麦扬花至灌浆初期）防治：灌浆期拨开麦垄一眼可见 2～3 头成虫时，应进行药剂防治。每亩用 50%倍硫磷乳油 50～100 毫升，或 5%高效氯氟氰菊酯水乳剂 10 毫升，或 48%氯氟·毒死蜱乳油 30～40 毫升，或 10%阿维·吡虫啉 15 毫升，对水 40～50 千克于傍晚喷雾，或每亩用 80%敌敌畏乳油 100～150 毫升，对水1～2千克喷在 20 千克麦糠或细沙土上，下午均匀撒入麦田。

## 24. 怎样防治麦蜘蛛？

麦蜘蛛在春秋两季为害麦苗，成、若虫均可为害。被害麦叶出现黄白小点，植株矮小，发育不良，重者干枯死亡。其防治方法是：①农业防治。采用轮作换茬，合理灌溉，麦收后翻耕灭茬，降低虫源。②药剂防治。当小麦百株虫量达 500 头时，可选用 40%氧乐果乳油 50 毫升/亩或 48%乐斯本乳油 80 毫升/亩等有机磷制剂对水 40～50 千克喷雾防治。

## 25. 怎样防治小麦皮蓟马？

小麦皮蓟马以若虫为害小麦花器，乳熟灌浆期吸食麦粒浆液，致麦粒灌浆不饱满或麦粒空秕，此外还为害小穗的护颖和外颖。受害颖片皱缩或枯萎，发黄或呈黑褐色，易遭病菌侵染，诱发霉烂或腐败。小麦皮蓟马在新疆普遍发生，是当地为害小麦的一种重要害虫。由于虫体细小，往往会被忽略。经研究，如果 1 个小穗内有 5 头若虫，即不易结实，将减产 18.5%左右，在新疆，往往一穗里面有多达几十头若虫为害，因此减产相当严重。

防治方法：在百穗有虫 200 头以上时需防治。①合理轮作倒茬，新麦地尽可能远离老麦地。②适时早播，躲避为害盛期，一般早熟品种比晚熟品种重，春麦受害比冬麦重。因此，采用种植早熟品种或在不影响产量的情况下适当提早播种，可以减轻危害。③秋季或麦收后及时进行深耕，清除麦场四周杂草，破坏其越冬场所，可压低越冬虫口基数。④在小麦孕穗期，大批皮蓟马成虫飞到麦田产卵时，及时喷洒 60%烯啶·呋虫胺 3000 倍液，或亩用 50%氟啶·吡蚜酮 15～20 克，或 25%噻虫嗪水分散粒剂 15～20 克。

⑤在小麦扬花期，注意防治初孵若虫。可亩用40%噻虫胺可溶粉剂15～20克，或20%多杀霉素悬浮剂8～10克，或20%甲维·丙吡醚悬浮剂20～30毫升，或60克/升乙基多杀菌素悬浮剂20～30毫升对水60千克喷雾。

## 26. 如何防治小麦黏虫？

一般每平方米有1～2龄幼虫10头以上，3～4龄幼虫30头以上时，应及时采取防治措施。在幼虫3龄前，可亩用25克/升溴氰菊酯乳油15毫升，或25克/升高效氯氟氰菊酯乳油15～20毫升，或30%乙酰甲胺磷乳油150～200毫升，或37%氟啶·毒死蜱悬乳剂20～25毫升，或氯虫苯甲酰胺悬浮剂15～20毫升加足水量喷施防治。

## 27. 麦叶蜂和麦茎蜂的区别是什么及如何防治？

麦叶蜂以幼虫取食小麦等植物叶片，由叶尖和叶缘开始咬食，将叶片吃成缺刻状，严重时可将麦叶吃光，仅留下主脉。主要发生在淮河以北麦区。

麦茎蜂幼虫钻蛀茎秆，使麦芒及麦颖变黄，干枯失色，严重时整个茎秆被食空，后期全穗变白，茎节变黄或黑色，有的从地表截断，不能结实。老熟幼虫钻入根茎部，从根茎部将茎秆咬断或仅留少量表皮连接，断面整齐，受害小麦很易折倒。主要分布在青海、甘肃等西北麦区。

防治方法：麦叶蜂每平方米麦田有40头幼虫时应及时防治。麦茎蜂每平方米麦田有5头幼虫时应及时防治。①农业防治。对于麦叶蜂，在种麦前深耕可把土中休眠幼虫翻出，使其不能正常化蛹而死亡。有条件地区实行水旱轮作，可减轻危害。对于麦茎蜂，可以麦收后进行深翻，收集麦茬沤肥或烧毁，杀伤根茬内的越冬虫，还有抑制成虫出土的作用；尽可能实行大面积的轮作；选育秆壁厚或坚硬的抗虫高产品种。②化学防治。麦叶蜂要掌握在幼虫3龄前（一般抽穗前后）施药。每亩用50%辛硫磷乳油30～50毫升，或

2.5%溴氰菊酯乳油10～15毫升对水45～50千克喷雾。在麦茎蜂发生为害重的地区于5月下旬洋槐开花期成虫发生高峰期喷洒90%晶体敌百虫900倍液或80%敌敌畏乳油1 000～1 200倍液，也可喷撒1.5%乐果粉或2.5%敌百虫粉，每亩2.15～2.5千克。③土壤处理。成虫羽化初期，每亩用40%甲基异硫磷0.25千克，对水1千克加细沙30千克拌匀撒施。最好结合中耕翻入地下，可提高防治效果。

## 28. 小麦秀夜蛾和穗夜蛾的区别是什么及如何防治？

小麦秀夜蛾以幼虫为害，3龄前幼虫蛀茎取食植株组织，4龄后将麦秆地下部咬烂入土，被害麦株初期呈枯心苗状，后期出现全株枯死，造成缺苗断垄，甚至毁种。主要分布在东北、西北、华北春麦区、西藏高原、长江中下游及华东小麦产区。

小麦穗夜蛾主要危害小麦的穗部，初孵幼虫先取食穗部的花器和子房，个别也取食颖壳内壁的幼嫩表皮。高龄幼虫取食小麦籽粒。主要分布在甘肃、青海等地。

防治方法：每平方米有虫1～3头时需防治。①农业防治：深翻灭卵，将根茬翻入15厘米土层以下，以增加初孵幼虫死亡率；适期灌水，幼虫初孵期正是小麦3叶期，麦田灌水可控制低龄幼虫为害；除掉根茬，将麦根除掉集中烧毁，减少越冬卵量。②灯光捕杀：成虫发生期用杀虫灯诱杀成虫。③化学防治：秀夜蛾用3%辛硫磷颗粒剂3～4千克，或15%毒·辛颗粒500～1 000克，播种时，随种子施入土中。幼虫期也可用敌百虫灌根。防治穗夜蛾，采用48%毒死蜱乳油1 000倍液，或亩用200克/升氯虫苯甲酰胺悬浮剂10～20克，或25克/升高效氯氟氰菊酯乳油10～15毫升喷雾防治幼虫。

## 29. 小麦田是否需要防治灰飞虱？

灰飞虱可危害小麦、玉米、水稻等作物，直接刺吸汁液危害能造成茎基糜烂发臭、植株萎缩枯黄，从而造成减产，危害程度严重的可以造成绝产绝收；同时，灰飞虱传播小麦黑条矮缩病毒、水稻条纹叶枯病毒和玉米粗缩病毒，造成严重损失。

近年来，一些地方灰飞虱在水稻上发生严重，特别是2008年山东部分地区灰飞虱在玉米上大暴发，造成几万亩玉米由于感染粗缩病毒而绝产。由于灰飞虱可以在小麦、玉米和水稻上转移危害，虽然在小麦上造成的损失不大，但为了降低虫源基数，应该在小麦、水稻和玉米等各个环节开展防治，以降低对其他作物造成的损失。

防治方法：①加强小麦上灰飞虱的监测预警工作，防止灰飞虱大量迁飞扩散危害，适时调整玉米播种时期，避开带毒灰飞虱迁飞高峰期，不要进行小麦、玉米套种。②药剂拌种：每100千克种子用600克/升吡虫啉悬浮种衣剂300～600毫升，或35%噻虫嗪悬浮种衣剂150～450克进行拌种或包衣，拌匀后堆闷3～5小时晾干后播种，对防治传毒昆虫灰飞虱、小麦蚜虫，控制病毒病流行有效，且可兼治田鼠及地下害虫。灰飞虱发生期，用药时从麦田四周开始，防止其逃逸。③化学防治：药剂可亩用50%吡蚜酮可湿性粉剂10克，或10%吡虫啉30～40克，或50%吡蚜·异丙威可湿性粉剂25～30克。

## 30. 如何防治小麦田蚜虫？

麦蚜可危害多种禾本科作物及杂草，从小麦苗期到乳熟期都可为害，刺吸小麦汁液，造成严重减产。麦蚜还能传播小麦黄矮病毒病。

百株小麦蚜虫苗期达300头或百穗蚜量达500头时，亩用20%呋虫胺悬浮剂25～30毫升，或50%氟啶虫胺腈水分散粒剂2～3克，或25%吡蚜酮可湿性粉剂20克，或25%噻虫嗪水分散粒剂8～10克。

## 31. 如何防治麦蝽？

麦蝽成虫、若虫刺吸寄主叶片汁液，受害麦苗出现枯心或叶面上出现白斑，后扭曲成辫子状，出现白穗和秕粒。

可亩用50%氟啶虫胺腈水分散粒剂10克、45%马拉硫磷乳油30～50毫升，或80%敌敌畏乳油1500倍液于麦蝽发生危害时喷雾防治。也可以选用菊酯类药剂或啶虫脒或噻虫嗪于菊酯类复配药剂防治。

## 32. 怎样防治小麦地下害虫?

危害小麦的地下害虫主要有蝼蛄、蛴螬和金针虫，在全国麦区均有发生。由于地下害虫长期生活在地下，危害小麦的根、茎部，严重时造成小麦缺株断垄，是较难防治的一类害虫。

**(1) 农业防治：浇水压虫。**当土壤湿度达到35%～40%时，金针虫停止危害，下潜到15～30厘米深的土层中。因此，当麦田发生金针虫危害时，适时浇水，可减轻金针虫危害。农田深耕。深秋季深耕细耙，产卵化蛹期中耕除草，将卵翻至土表暴晒致死，对地下害虫有杀伤和控制作用。

**(2) 灯光诱杀。**蝼蛄、蛴螬和金针虫成虫具有较强的趋光性、飞行能力强，成虫发生期在田间地头设置黑光灯杀虫灯可有效诱杀成虫。

**(3) 化学防治。**①药剂拌种：40%辛硫磷乳油按1∶100∶500（农药∶水∶种子）拌种，或50%二嗪磷乳油1∶100∶300拌种，或按照每100千克小麦种子用47%丁硫克百威种子处理乳剂150～200克，在暗处将种子放塑料布上，洒上药水拌和均匀，拌后闷2～3小时，干后播种。②撒施毒土：每亩用40%辛硫磷乳油或40%甲基异硫磷300毫升或480克/升毒死蜱乳油150毫升，加水1～2千克拌细沙或细土20千克顺垄撒施，撒后浇水；在根旁开浅沟撒入药土，随即覆土，或结合锄地把药土施入，可防地下害虫。尤其是冬小麦返青或春播作物幼苗遭受蛴螬或金针虫危害，可用此法补救。③毒液灌根：在地下害虫密度高的地块，可用40%甲基异硫磷或50%辛硫磷50～75克，对水50～75千克，顺麦垄喷浇麦根处，杀虫率达90%以上，兼治蛴螬和金针虫。④撒施毒饵：用麦麸或饼粉5千克，炒香后加入适量水和40%甲基异硫磷拌匀后于傍晚撒在田间，每亩2～3千克，对蝼蛄的防治效果可达90%以上。

## 33. 什么是“一拌三喷”？

小麦生产中经常发生的病害有：锈病、黄矮病、白粉病、赤霉病、全蚀病和根腐病等；虫害有：麦蚜、麦蜘蛛、吸浆虫和地下害虫（蛴螬、蝼蛄、金针虫等）。因此在防治策略上，一是要选用广谱性杀虫剂和杀菌剂，做到复配使用、一举两得；二是选择最佳的用药时期。目前防治小麦病虫害最有效的方法是“一拌三喷”。“一拌”就是把好小麦播种时的拌种关，在播种前用广谱杀虫剂和杀菌剂复合拌种，既可防治小麦地下害虫，又可防治锈病、全蚀病、黄矮病等在苗期发生。“三喷”是指在小麦拔节期到灌浆期根据病虫发生情况，采用杀虫剂、杀菌剂和微肥混合喷施，既可防治小麦蚜虫和吸浆虫等虫害，又可防治各种病害的发生。

## 34. 药剂拌种可以防治哪些小麦病虫害？

药剂拌种可以控制地下害虫（蝼蛄、金针虫、蛴螬）、种子和土壤带菌传播的病害（腥黑粉、散黑穗、秆黑粉、纹枯）以及有昆虫传播的丛矮病和黄矮病等。防治小麦苗期白粉和纹枯病可每100千克小麦种子用3%苯醚甲环唑悬浮种衣剂200～300毫升，或6%戊唑醇悬浮种衣剂50～60克，或2.5%咯菌腈悬浮种衣剂150～200克进行拌种处理。防治小麦黑穗病，100千克小麦种子可用3%苯醚甲环唑悬浮种衣剂200～300毫升，或用4%咯菌・嘧霉酮悬浮种衣剂100～150毫升，或用4.8%苯醚・咯菌腈悬浮种衣剂250～300毫升拌种，对两种小麦黑穗病均有效。拌种时，先将药剂以少量水稀释，用喷雾器把药液喷到种子上，边喷边拌，堆闷5～6小时后播种。

防治地下害虫可用40%辛硫磷乳油按1∶100∶500（农药∶水∶种子）拌种，或50%二嗪磷乳油1∶100∶300拌种，或按照每100千克小麦种子用47%丁硫克百威种子处理乳剂150～200克进行拌种。拌种时先将农药按要求比例加水稀释成药液，再与种子混合拌匀，堆闷 5～6 小时，摊晾后即可播种。蚜虫常发地区，可每 100 千克种子选用 600 克/升吡虫啉悬浮种衣剂 400～600 毫升，或 30%噻虫嗪种子处理悬浮剂 400～800 毫升加 2～4 千克水混匀好拌种均匀。堆闷 3～5 小时阴凉处晾干即可播种，同时可兼防小麦黄矮和丛矮病。

杀虫、杀菌剂混合拌种。对小麦黑穗病、地下害虫及苗期多种病虫混合发生区，可采用杀虫剂、杀菌剂混合拌种，拌种的用药量必须严格按照要求进行，一般先将杀虫剂按要求比例加水稀释成药液，用喷雾器将药液均匀喷洒于种子，堆闷 3～4 小时摊开晾干后再拌杀菌剂，拌种时须注意的是粉锈宁拌种要干拌，若用其他药剂进行湿拌，拌匀后要立即晾干，严禁多种药剂混拌种，以免发生药害。

## 35. 有哪些常见麦田杂草和常用除草剂？

常见的麦田禾本科杂草有野燕麦、看麦娘、稗草、狗尾草、硬草、马唐、牛筋草等。常用麦田防除禾本科杂草的除草剂有骠马、禾草灵、新燕灵、燕麦畏、杀草丹、禾大壮、燕麦敌、青燕灵、野燕枯等。

常见的麦田阔叶杂草有马齿苋、猪殃殃、小蓟（刺儿菜）、荠菜、米瓦罐、苣荬菜、葎草（拉拉秧）、苍耳、播娘蒿、酸模、叶蓼、田旋花、反枝苋、凹头苋、打碗花、苦苣菜等，用于麦田防除阔叶杂草的除草剂有 2,4-滴异辛酯、唑草酮、苯磺隆、氯氟吡乙酸（使它隆）、2 甲 4 氯、苯达松、百草敌、甲磺隆、绿磺隆、西草净、溴草腈、碘苯腈等。

## 36. 麦田化学除草应注意哪些问题？

**(1) 准确选择药剂。**首先要根据当地主要杂草种类选择对应有效的除草剂；其次是根据当地的耕作制度选择除草剂；再者，还要不定期地交替轮换使用杀草机制和杀草谱不同的除草剂品种，以避免长期单一使用除草剂致使杂草产生耐药性，或优势杂草被控制了，耐药性杂草逐年增多，由次要杂草上升为主要杂草而造成损失。

**(2) 严格掌握用药量和用药时期。**一般除草剂都标有经过试验后提出的适宜用量和时期，应严格掌握，切不可随意加大药量，或错过有效安全施药期。

**(3) 注意施药时的气温。**所有除草剂都是气温较高时施药才有利于药效的充分发挥，但在气温 30 ℃以上时施药，有出现药害的可能性。

**(4) 保证适宜湿度。**土壤湿度是影响药效高低的重要因素。苗前施药若土层湿度大，易形成严密的药土封杀层，且杂草种子发芽出土快，因此防效高。生长期土壤墒情好，杂草生长旺盛，利于杂草对除草剂的吸收和在体内运转而杀死杂草，药效快，防效好。因此，应注意在土壤墒情好时应用化学除草剂。

## 37. 高产麦田如何预防倒伏?

小麦倒伏是高产的一大障碍。小麦倒伏后茎叶重叠，通风不良，株间湿度增大，光合作用减弱，呼吸作用增强，轻者根茎损伤，影响养分和水分向穗部输送，严重时基部腐烂，千粒重降低，一般减产 30%～50%，倒伏愈早，减产愈重。小麦倒伏的类型分根倒与茎倒，通常以茎倒为常见。根倒是根系入土浅或土壤过于紧密产生龟裂折断根系；茎倒是由于茎基部组织柔弱，第一、第二节间过长，头重脚轻引起倒伏。倒伏的原因比较复杂，但多因栽培管理不当，品种抗倒性差所致。因此，预防小麦倒伏首先须选用抗倒品种，合理密植，改善田间通风透光条件；其次是提高整地、播种质量，促根下扎；再次是在栽培管理上，对有旺长趋势麦苗，采取冬前中耕，增施钾肥，氮素追肥后移，石磙镇压或 3 叶 1 心至 4 叶 1 心期喷施多效唑等措施，对控制旺长预防到伏都有显著效果。

## 38. 哪些化学促控剂可防止小麦倒伏?

**(1) 多效唑。**小麦起身期，亩用 15%多效唑可湿性粉剂 30～

50克，可使植株矮化，抗倒伏能力增强，并可兼治小麦白粉病和提高植株对氮素的吸收利用率。

**（2）矮壮素。**对群体大、长势旺的麦田，在拔节初期，喷0.15%～0.3%矮壮素溶液，每亩50～70千克，可有效地抑制节间伸长，使植株矮化，茎基部粗硬，从而防止倒伏。若与2,4-滴异辛酯除草剂混用，还可以兼治麦田阔叶杂草。

**（3）助壮素。**在拔节期，每亩用助壮素15～20毫升，对水50～60升叶面喷放，可抑制节间伸长，防止后期倒伏，使产量增加10%～20%。

## 39. 高产麦田倒伏后怎么办？

小麦抽穗后，常因风雨交加或雹灾造成倒伏。小麦出现倒伏后，应利用植物背地曲折的特性自行曲折恢复直立。切忌采取扶麦、捆把等措施，以免破坏搅乱其“倒向”，使小麦节间本身背地性曲折特性无法发挥。若因风雨造成的倒伏，雨过天晴后，可在麦穗上用竹竿分层轻轻挑动抖落秆上的雨水，注意不要打乱其倒向。可采取叶面喷肥2～3次，同时清沟防渍降低田间和棵间湿度，尽量减少损失。在灌浆期发生倒伏，可轻挑抖落雨水，然后喷磷酸二氢钾。雹灾发生后重点搞好叶面喷肥，增强叶片吸收养分、促进光合作用。

## 40. 如何防除小麦田野燕麦？

土壤处理：用40%燕麦畏乳剂3.0升/公顷，春秋施均可，药效稳定，对小麦有刺激增产作用。

苗后茎叶喷施：小麦苗后3~5叶期，用64%野燕枯水溶剂1.8～2.2升/公顷，或用6.9%精噁唑禾草灵0.6～0.75升/公顷。小麦苗后2～4叶期，可用36%禾草灵2.5～3.0升/公顷。

## 41. 如何防除小麦田阔叶杂草？

逐渐淘汰2,4-滴丁酯，如果使用2,4-滴丁酯用量不可过大，以免造成减产、降质、飘移，可用 2,4 -滴二甲胺或者 2,4 -滴异辛酯代替 2,4 -滴丁酯，用量少、药效好。

对小麦安全的药剂有：

20%氯氟吡氧乙酸 0.6～1.0 升/公顷。

20%氯氟吡氧乙酸 0.6～1.0 升/公顷或 20%氯氟吡氧乙酸 0.5～0.7 升/公顷+72%的 2,4 -滴异辛酯 0.4～0.5 升/公顷。

75%噻吩磺隆 12～15 克/公顷或 75%噻吩磺隆 8～10 克/公顷+72%的 2,4 -滴异辛酯 0.4～0.5 升/公顷。

10%苯磺隆 120～150 克/公顷或 10%苯磺隆 70～100 克/公顷+72% 2,4 -滴异辛酯 0.4～0.5 升/公顷。

## 42. 如何防治麦田阔叶杂草和野燕麦？

**(1)** 64%野燕枯水溶剂 1.8～2.2 升/公顷+苯磺隆 13 克/公顷+75%噻吩磺隆 10～15 克/公顷。

**(2)** 64%野燕枯水溶剂 1.8～2.2 升/公顷+苯磺隆 10 克/公顷+72%的 2,4 -滴异辛酯 0.4 升/公顷。

**(3)** 2%的 2,4 -滴异辛酯 0.75 升/公顷+64%野燕枯水溶剂 1.8～2.2 升/公顷。

**(4)** 10%精噁唑禾草灵 0.6～0.7 升/公顷+75%苯磺隆 7～10 克/公顷或 75%噻吩磺隆 7～10 克/公顷。

**(5)** 70%氟唑磺隆 37.5～45 克/公顷+72%的 2,4 -滴异辛酯 750 毫升/公顷混用。

**(6)** 15%炔草酯 300～450 克/公顷+75%苯磺隆 20～40 克/公顷混用。

**(7)** 50 克/升炔草酯·唑啉草酯 200～1500 毫升/公顷+75%苯磺隆 20～40 克/公顷混用。

## 43. 如何确定苗后除草剂施药时期？

苗后除草剂施药时期应根据杂草生育期确定，一般选大多数杂草出齐时进行，不可施药太早，施草太早杂草未出齐或杂草草龄小，叶面积小，影响药效；施药太晚，杂草过大，抗药性增强，也影响药效。一般一年生阔叶杂草 2～4 叶期；禾本科杂草 3～5 叶期；多年生杂草多在高度 15～20 厘米；鸭跖草必须在 3 叶施药；多年生阔叶杂草最好在 8 叶期前施药；多年生杂草如芦苇 40 厘米高以前施药。

## 44. 如何保证茎叶处理除草剂药效？

**（1）喷洒质量。**正确的用量、施药方法及喷雾技术是药效发挥的基本保证，喷雾技术主要视除草剂特性（传导型、触杀型）、喷雾器械（人工喷雾器、地面喷雾机械、航空施药）和其他条件而定。根据除草剂的特性和杀草机理确定喷液量，内吸传导型除草剂拖拉机喷雾机每公顷 75～100 升（5～6.7 升/亩），飞机 20～30 升。触杀型的除草剂及某些易挥发、造成飘移危害的除草剂，拖拉机喷雾机每公顷 200 升（14 升/亩）左右，飞机 30～50 升。

**（2）杂草的状况。**喷施除草剂应选在大多数杂草出齐时施药，施药过早杂草出苗不齐，后长出的杂草还须再施一遍药或采取其他灭草措施，增加成本；施药过晚杂草抗性增强，须增加药量，有些药剂施药过晚对后茬作物不安全。

**（3）土壤条件。**当土壤含水量和养分充足时，杂草生育旺盛，组织柔嫩，吸收效果好，药效高；在干旱、瘠薄条件下，因为土壤湿度低，植物组织含水分少，会减缓药剂向生长点的传导，药效差。植物本身还可以通过自我调节作用，抗逆性增强，叶表面角质层增厚，气孔开张程度小，不利于药剂的吸收，使药效下降。因此，如果喷施 2,4-滴丁酯时不看具体条件而采用同一剂量，从提高药效、减少用药量、降低成本方面都是不利的。

**（4）温度。**茎叶处理应避免在中午或高温天气进行，低温时施药，杂草抵抗不良环境的能力增加，使用一般剂量常达不到应有的效果，对作物也不安全。但也有个别除草剂在高温下活性大大下降。

**（5）湿度。**长期干旱和空气相对湿度低于 65%时不宜施药，一般应选早晚施药，干旱条件下用药量及喷液量应适当增加。喷药前叶面大量带水，或药后较短时间内降雨，易使叶面药剂淋入土中，效果下降。降雨 1～2 毫米可把水溶性的除草剂从植物叶面冲刷掉，降雨 5～10 毫米可把油溶性的除草剂从植物叶面冲刷掉，各种除草剂被植物吸收的速度不同，施药后要求降雨间隔时间不同，如噻吩磺隆、精噁唑禾草灵等施药后 2～3 小时无雨即可；苯达松等施药后需要 6～8 小时无雨。

**(6) 风。**微风能够显著促进杂草幼苗的蒸腾作用，尤其是配合高温、低湿，杂草生理活动旺盛，有利于除草剂的叶面吸收和传导。大风反而使蒸腾作用下降，气孔关闭，雾滴在叶表面很快干燥，挥发严重不利于吸收，使某些吸收较慢的药剂效果下降。大风还加重雾滴飘移，使药剂分布不均，影响效果。

**(7) 水质情况。**在通常情况下，不宜以碱水配制水溶液，河水比井水好，人为控制使 pH 偏酸，让其不解离，可加快杂草吸收速度。如适当加入酸性肥料如硫酸铵（1%）以后，杂草吸收与传导速度提高三倍以上。水质对除草剂的活性也有影响，含尘量 2%的浊水会降低除草剂的活性。

**(8) 增效剂的应用。**植物油型喷雾助剂具有较好的增效作用及安全性，用量 0.5%～1.0%，在空气相对湿度 65%以上时用低药量，除草剂用量可减少 50%；空气相对湿度 65%以下、严重干旱时，用高药量，除草剂用量可减少 20%～30%。

**(9) 人为因素。**主要有以下几方面问题：①品种选择不当，没有根据使用地块杂草群落组成及优势杂草种群选择适当品种，导致药效降低；②用药量不准确，擅自降低或提高用药量；③混用不当而降低药效；④施药机械不标准，导致喷雾不均匀。

## 45. 如何降低用药量？

**(1) 选择适宜气象条件。**喷洒苗后除草剂的适宜温度是 13～27 ℃，空气相对湿度大于 65%，风速小于 4 米/秒；一般晴天上午 8 点以前，下午 6 点以后，夜间无露水时喷洒作业效果最好。在喷洒除草剂时，药箱加入植物油型喷雾助剂可降低用药量 30%～50%。

**(2) 除草剂用药量的确定。**苗后除草剂推荐用药量原则是在适宜的气象条件下试验确定的；在不适宜气象条件下的试验结果不作为推荐用量的依据。除草剂用药量以登记用量为准，加入植物油型喷雾助剂减少用药量以此为基础。

**(3) 加增效剂**（助剂）。增效剂可降低药液表面张力，增加农药的展布，增强农药的渗透性，从而提高农药利用率，提高药效。增效剂（助剂）可应用于杀菌剂、杀虫剂、除草剂，可以达到降低农药用量不降低药效的效果。

CHAPTER 7 第七部分

# 小麦收获与贮藏

## 1. 如何简单判断小麦是否成熟？

简单判断方法是在麦子成熟时期每天的早晚（不能是中午），在麦田周围转着看一看，如果看到麦穗呈现出金黄色，麦子的植株变成黄白色，叶片呈枯黄色，就说明小麦成熟了，可以进行收割；还可以用手搓出几颗麦粒，用指甲掐断，断面发白，就到了蜡熟后期，可以进行收割；再就是通过观察麦芒和麦穗，如果看到麦芒炸开了，就是农民说的炸芒，这时如果麦穗也弯头了的话，就说明小麦成熟了，可以进行收割。

## 2. 如何确定小麦适宜收获时期？

小麦最适宜的收获时期是蜡熟末期到完熟期。适期收获小麦产量高、质量好、发芽率高。收获过早，籽粒不饱满，产量低，品质差。收获过晚，籽粒因呼吸及雨水淋溶作用会使蛋白质含量降低，碳水化合物减少，千粒重、容重、出粉率降低，在田间易落粒，遇雨易穗上发芽，有些品种还易折秆、掉穗。小麦蜡熟期和完熟期的表现特征是蜡熟初期叶片黄而未干，籽粒呈浅黄色，腹沟褪绿，粒内无浆。蜡熟中期下部叶片干黄，茎秆有弹性，籽粒转黄色，饱满而湿润，种子含水量25％～30％。蜡熟末期全株变黄，茎秆仍有弹性，籽粒黄色稍硬，含水量20％～25％。完熟期叶片枯黄，籽粒变硬，呈品种本色，含水量在20％以下。

## 3. 小麦收获方式如何选择？

小麦收获方式有人工收割和机械割晒。把收割、脱粒分两个阶段进行，利用在蜡熟中期至末期割倒的小麦茎秆仍能向籽粒输送养分的道理，使其后熟。因此宜在蜡熟中期到末期进行收获，这种收获方式能比直接联合收获机收获提早5～7天。使用联合收获机直接收获时，宜在蜡熟末至完熟期进行。

## 4. 小麦收获机械有哪些种类？适用于哪些地区的小麦生产作业？

小麦收获机械类型主要有轮式、履带式以及适合丘陵山区地形的割晒机等。轮式全喂入联合收割机比较适合华北、东北、西北、中原地区以及旱地环境作业，以收获小麦为主，适合长距离转移，是异地收割、跨区作业的主要机型。

履带式全喂入联合收割机比较适合华中及其以南地区的水旱地或水田湿性土壤作业，适用于小麦和水稻作物的收获，由于便于装卸，受小麦跨区机手欢迎。

小麦割晒机适合我国南方丘陵山区，由于丘陵山区地块小且分散，地面坡度落差大，山间道路窄小且崎岖不平，机具田间作业转移困难。

## 5. 倒伏小麦与过熟小麦如何收获？

倒伏小麦收获时应首先对联合收获机割台进行调整并可安装辅助装置。拨禾轮的调整包括：拨禾轮前后和上下位置的调整及拨禾轮弹齿角度的调整。一般收获倒伏小麦应将拨禾轮向前调整，使弹齿的位置在最低点时处于护刃器前端150～200毫米，拨禾轮高低位置以弹齿可以接触到地面或距地面20～50毫米为宜，调整时以保证切割器在切割作物前，拨禾轮首先将倒伏作物扶起为原则。由于收割倒伏小麦时，拨禾轮扶起小麦的阻力比正常收获时要大得多，为保证弹齿有效扶起小麦，延长弹齿与小麦的接触时间，一般弹齿角度向后或向前偏转 15°或 30°。顺倒伏小麦收割时，弹齿向后偏转；逆倒伏小麦收割，弹齿向前偏转。

## 6. 小麦在晾晒与贮藏时需要注意什么？

小麦在脱粒后，迅速把籽粒的夹杂物清除干净，进行晾晒，降低籽粒含水量，小麦籽粒贮存的安全水分标准为 14%以下。贮藏时必须控制籽粒水分与温度，做到防霉、防虫、防鼠、防雀、防火；种子还要注意防混杂。

## 7. 小麦收获期间遇到连阴雨天气怎么办？

在小麦收获期间，有时会遇到连阴雨天气，应抢晴天抓紧机械收获，避免在田间发生穗上发芽，既减产又降低品质。收获后脱粒的小麦如果不能及时晾干，也容易引起发芽、霉烂。在没有烘干设备的情况下，可采取如下应急处理方式：①自然缺氧法。就是通过密封造成麦堆暂时缺氧，从而抑制小麦的生命活动，达到防止小麦发热、生芽和霉烂的目的。②化学保粮法。即利用化学药剂拌合湿麦，使麦粒内的酶处于不活动状态，麦粒不会发芽。③杨树枝保管法。原理是种子发芽需要水分、温度和空气，带叶的杨树枝呼吸旺盛，把它放到麦粒堆里，可在短时间内把麦堆里的氧气耗完，使麦粒进入休眠状态避免发热、生芽。

## 8. 小麦收获仓库应该提前准备什么？

仓库准备：屋面不漏雨、地坪不返潮、墙体无裂缝、门窗能密闭、符合安全贮藏小麦的要求，同时进行必要的检修整理，清扫、消毒和铺垫防潮隔湿等工作。

种子准备：入库种子要达到纯、净、饱、壮、健、干的标准。小麦入库的质量标准是：种子含水量在 12.5%以下；容重在 750 克/升以上；杂质在 1.5%以下；其他质量标准以国标规定的中等标准为准。

高温进仓：小麦通过日晒，可降低含水量，同时在暴晒和入仓密闭的过程中，可以达到高温杀虫、抑菌的效果。对于新收获的小麦能促进麦粒生理后熟。具体操作方法是：小麦收获后，选择晴天高温天气晒种，当种温升到 50 ℃左右时，延续 2 小时以上。当水分降到 12.5%以下，于下午 3 时前后聚堆，趁热入仓，散堆压盖，整仓密闭，使种温在 44～47 ℃下保持 7～10 天，可消灭日晒未杀死的害虫，当粮温逐渐下降与仓温平衡时，转入正常密闭贮藏。

密闭防湿：对于贮藏量大的仓库要密闭门窗，包装种子应按规格堆放，散装种子堆的上面覆盖经清洁、暴晒消毒处理的草苫或麻袋等，压盖要平整、严密。

防治害虫：①物理防治。采用低温杀虫的方法，气温降至 0 ℃，一般适用于北方；高温杀虫的方法，温度在 40～45 ℃。②化学防治。可用低药量熏蒸，如熏蒸 1 000 千克小麦，需磷化铝 3～5 片（10～15 克），低剂量熏蒸的密闭时间一般不少于 20 天，并做好安全防护工作。

贮藏期间的检查：贮藏期间要经常检查小麦的温度、水分、发芽率、虫、鼠、雀、霉烂等。

## 9. 如何避免小麦贮存时生虫和发霉？

**（1）晾晒。**入库前，要对小麦种子进行暴晒，含水量降到 12%以下为宜，这样可以长时间贮存，并且不容易生虫、发霉。如果没有精密的仪器来测量含水量，一般情况下，小麦收获后，在晴朗的天气下，中午暴晒 2～3 小时即可。

**（2）趁热进仓。**小麦种子具有耐热性，小麦暴晒后趁热入仓，一方面可以起到杀虫的目的，另外一方面能够促进麦种休眠。一般情况下，夏季晴朗的天气里能够把小麦晒到 40 ℃左右，这时候可以及时入仓随后密封，持续 10～15 天的时间就能有效杀灭害虫。

**（3）虫害。**小麦贮存过程中主要的害虫有麦蛾、玉米象、大谷盗、谷蠹等，防治害虫可采取高温密闭法或者药剂熏蒸法。一般的做法是在小麦晾晒后做好清理工作（把杂质清除），然后趁热入仓，随即密封熏蒸，可用药剂有磷化铝。

**(4）通风。**进入秋冬季节，要定期对粮仓的温度和湿度进行检查，尤其是在多雨潮湿时，粮仓内的小麦很容易起热，如果出现温度升高过快的情况，要及时进行通风降温。另外，有的粮仓密闭性不是很好，如果有水分进入，如漏雨或者积水时也要及时进行通风，保证小麦的品质，否则会引起小麦发霉。

CHAPTER 8 第八部分

# 东北春小麦化肥农药减施技术规程

## 河套灌区春小麦节水减肥高效技术规程

### 1 范围

本文件规定了春小麦节水高产灌溉制度和化肥减量施用标准。

本文件适用于内蒙古河套平原灌区及同类型生态区灌溉春小麦生产。

### 2 规范性引用文件

下列文件对于本文件的应用是必不可少的。凡是注日期的引用文件，仅所注日期的版本适用于本文件。凡是不注日期的引用文件，其最新版本（包括所有的修改单）适用于本文件。

GB 4404.1 粮食作物种子 第1部分 禾谷类

GB 5084 农田灌溉水质量标准

NY/T 496 肥料合理使用准则 通则

### 3 术语与定义

#### 3.1 节水

比当地常规生产田每公顷节省灌溉水900～1 800 米$^3$，水分利用效率达22.5～28.5 千克/米$^3$·公顷。

#### 3.2 水分利用效率

小麦籽粒产量与全生育期总耗水量的比值，即单位面积籽粒产量/单位面积总耗水量。

**3.3　灌溉制度**

作物在全生育期内灌水时间、灌水定额、灌溉定额及灌水次数的总称。

**3.4　灌溉定额**

作物全生育期各次灌水定额之和。单位：米$^3$/亩或毫米。

**3.5　灌水定额**

一次灌水单位灌溉面积上的灌水量。单位：米$^3$/亩或毫米。

**3.6　追肥**

在作物生长期间为补充和调节作物营养而施用的肥料。

**3.7　种肥**

在播种或移栽时，施于种子附近或与种子混播供给作物生长初期所需的肥料。

## 4　春小麦高产节水灌溉制度

春小麦出苗后，视土壤墒情变化及降雨情况，把浇第 1 水时间推迟在分蘖至拔节期之间，第 2 水控制在抽穗至开花期间，全生育期灌 2 次水，每次灌水 750～1 050 米$^3$/公顷。一般年份，可灌拔节和开花 2 次水，春旱严重年份，可灌分蘖和抽穗 2 次水，均可实现 6 750 千克/公顷的产量目标；水分利用效率达 22.5～28.5 千克/米$^3$·公顷，较常规灌溉模式提高 30%左右，实现了节水与高产的统一（表 1）。

**表 1　河套灌区春小麦节水灌溉制度与常规充分灌溉制度比较**

| 灌溉制度 | 灌水定额（米$^3$/公顷） | | | | | 灌溉定额（米$^3$/公顷） | 灌水方法 |
|---|---|---|---|---|---|---|---|
| | 秋季（9 月下旬至 10 月中旬） | 分蘖期（5 月上旬） | 拔节期（5 月中下旬） | 抽穗期（6 月上旬） | 灌浆期（6 月中下旬） | | |
| 节水灌溉 | 1 200～1 500 | — | 900～1 050 | 900～1 050 | — | 3 000～3 600 | 畦灌 |
| 常规灌溉 | 1 800～2 250 | 975～1 125 | 750～900 | 975～1 125 | 750～900 | 5 250～6 300 | 畦灌 |

## 5 春小麦高产减量施肥标准

在节水灌溉模式基础上通过化肥定量减施试验得出，在中、上等土壤肥力条件下，河套灌区春小麦实现6 750千克/公顷产量目标的适宜施肥量为种肥氮（N）量为76.5千克/公顷、种肥磷（$P_2O_5$）量124.5千克/公顷、钾肥（$K_2O$）量87千克/公顷，追氮肥（N）量114.0千克/公顷。与常规施肥模式相比，减肥模式增产3%以上，肥料利用效率提高20%以上，实现了高产与高肥效的统一（表2）。

**表2 河套灌区春小麦减肥模式与常规施肥模式比较**

| 施肥模式 | 种肥（千克/公顷） | | | 追肥（纯N，千克/公顷） | 追肥时期 |
|---|---|---|---|---|---|
| | 纯N | $P_2O_5$ | $K_2O$ | | |
| 减肥模式 | 76.5 | 124.5 | 87 | 114.0 | 分蘖至拔节期 |
| 常规模式 | 136.5 | 172.5 | 0 | 207.0 | 分蘖期 |

## 6 春小麦节水减肥技术规程

### 6.1 秋浇蓄水保墒

秋季（9月下旬至10月中旬）耕翻后，充分汇地蓄水，灌溉水质量符合GB 5084的规定，灌水定额1 200～1 500米$^3$/公顷；春季“顶凌耙耱”收墒，播种前把土壤贮水调整到适宜播种的含水量范围。

### 6.2 选用品种

根据节水高肥效品种的筛选原则，选用适合本地区种植的高产、耐旱、株高中等、叶型较小、根系发达、籽粒灌浆快的氮高效品种。种子质量符合GB 4404.1的规定。

### 6.3 优化种肥，提高肥效

在河套灌区中、上等土壤肥力条件下，实现6 750千克/公顷以上产量目标，每公顷需施用种肥磷酸二铵225～300千克、尿素45～75千克，应用种、肥分层播种机，把全部肥料与种子同时均匀施入。

**6.4　推迟第1水，减量追肥**

在足墒全苗基础上，视苗情尽可能晚浇第1水（但不能晚于拔节期），抑制地上部叶片发育，促进地下部根系发育和向深层土壤扩展，培育壮苗。5月上、中旬，视土壤墒情变化及降雨情况，把浇第1水时间推迟在分蘖至拔节之间。灌水定额750～900米$^3$/公顷，结合浇第1水追施尿素150～225千克/公顷。

（1）如麦苗长势正常，拔节期浇第1水；

（2）如麦苗长势偏弱，提前至分蘖期浇第1水。

**6.5　适期灌第2水，缓衰增粒重**

于6月上、中旬，酌情浇抽穗或扬花水，灌水定额750～900米$^3$/公顷。以水保根，以根养叶，以叶保籽，以籽定产，同时防止干热风危害。

起草人：张永平、谢岷、吴强、董玉新、靳存旺、仲生柱、韩凤霞

起草单位：内蒙古农业大学、巴彦淖尔市五原县农牧业技术推广中心、巴彦淖尔市种子管理站

# 东北春麦有机肥替代化肥减施技术规程

## 1　范围

本文件规定了东北春小麦基肥、种肥与追肥，有机与无机相结合的施肥技术。

本文件适用于东北黑土区春小麦的有机肥替代减施化肥管理。

## 2　规范性引用文件

下列文件中的条款通过本文件的引用而成为本文件的条款。凡是注日期的引用文件，其随后所有的修改单（不包括勘误的内容）

或修订版均不适用于本文件，然而，鼓励根据本文件达成协议的各方研究是否可使用这些文件的最新版本。凡是不注日期的引用文件，其最新版本适用于本文件。

GB 1351—1999 小麦

GB 4404.1—1996 粮食作物种子 禾谷类

GB/T 6274—1997 肥料和土壤调理剂术语

## 3 术语和定义

下列术语和定义适用于本文件。

### 3.1 肥料

以提供植物养分为其主要功效的物料。

### 3.2 有机肥料

主要来源于植物和（或）动物，经过发酵腐熟的含碳有机物料，其功能是改善土壤肥力、提供植物营养、提高作物品质。

### 3.3 无机肥料

表明养分呈无机盐形式的肥料，由提取、物理和（或）化学工业方法制成，如尿素、过磷酸钙和硫酸钾。

### 3.4 施肥方法

对作物和（或）土壤施以肥料的各种操作方法的总称。

### 3.5 施肥量

施于单位面积耕地的肥料质量。单位：千克/公顷。

### 3.6 土壤肥力

土壤为作物正常生长提供并协调营养物质和环境条件的能力。

## 4 施肥技术规程的拟定

### 4.1 基本原则

施肥应采用的基本原则是增产、优质、高效、环保和改土。春小麦的施肥应采用有机无机配合施用的原则，要做到科学配比、养分平衡，同时要注意施肥技术与高产优质栽培技术相结合。东北黑土为保肥力强的黏性土底，施肥方法是施好基肥。施肥方法采用机械条播，施肥深度为8～10厘米及以下，土壤墒情适宜镇压要轻，反之镇压要重防止跑墒，适当增加有机肥料施用，可保证生育后期营养，对提高品质、增加千粒重具有重要作用。

### 4.2　土壤肥力分级

农田土壤肥力主要以土壤有机质含量和全氮含量作为肥力判断的主要标准，土壤磷水平、钾水平分别以土壤有效磷、速效钾含量高低来衡量（表1）。

**表1　土壤肥力分级标准**

| 肥力等级 | 土壤养分指标 | | | |
|---|---|---|---|---|
| | pH | 有机质（克/千克） | 有效磷（$P_2O_5$，毫克/千克） | 速效钾（$K_2O$，毫克/千克） |
| 高肥力 | 6.5～7.0 | ≥25 | ≥30 | ≥200 |
| 中肥力 | 5.0～6.5 | 15～25 | 10～30 | 80～200 |
| 低肥力 | ≤5.0 | ≤15 | ≤10 | ≤80 |

### 4.3　小麦品种

根据市场要求，选择适应当地生态条件，经审定推高产、抗逆性强、抗病性强、耐密植、抗倒伏的中、强筋小麦品种。

### 4.4　施肥量确定

依据黑龙江省农业科学院黑河分院39年长期肥料定位试验（黑河暗棕壤生态环境科学观测试验站，E 127°27′07″，N 50°15′11″）。通过对往年小麦养分的需求、肥料利用率、长期定位数据计算氮、磷、钾均衡施肥范围。确定施纯氮总量为75千克/公顷；施磷（$P_2O_5$）总量为75千克/公顷；施钾（$K_2O$）总量为37.5千克/公顷。

### 4.5　施肥方式

化肥秋施肥量为整个生育期总量2/3，配施有机肥300～450千克/公顷，春季种肥占总量1/3；商品有机肥用量：根据实验数据确定，利用商品有机肥可替代化肥20%～35%，施用时应根据土壤肥力，使用不同量，有机质含量高的地块用低量，有机质含量低的地块用高量，有机肥应配合氮、磷、钾复混肥作基肥一次施用效果更好。

### 4.6 肥料的选择

基肥应选择品质有保证、销售商信誉高、售后服务质量好的肥料品种和销售商。有机肥应选择腐熟的有机肥或商品有机肥（表2、表3）。

**表2 有机肥料技术指标**

| 项　目 | 指　标 |
|---|---|
| 有机质的质量分数（以烘干基计） | ≥45% |
| 总养分（氮＋五氧化二磷＋氧化钾）的质量分数（以烘干基计） | ≥5% |
| 水分（鲜样）的质量分数 | ≤30% |
| 酸碱度（pH） | 5.5～8.5 |

**表3 有机肥料中重金属的限量指标**

| 项　目 | 指　标 |
|---|---|
| 总砷（As）（以烘干基计） | ≤15毫克/千克 |
| 总汞（Hg）（以烘干基计） | ≤2毫克/千克 |
| 总铅（Pb）（以烘干基计） | ≤50毫克/千克 |
| 总镉（Cd）（以烘干基计） | ≤3毫克/千克 |
| 总铬（Cr）（以烘干基计） | ≤150毫克/千克 |

### 4.7 肥料种类

磷酸二铵（46% $P_2O_5$，18% N）225.0～270.0千克/公顷、尿素（46% N）75.0～90.0千克/公顷、硫酸钾（50% $K_2O$）120.0千克/公顷或等量复合肥。

起草人：张久明、张军政、姜宇、郑淑琴、李大志、宋金柱
起草单位：黑龙江省农业科学院、哈尔滨工业大学

# 分期精量施肥配施有机肥技术规程

## 1　范围

本文件规定了小麦生产的品种选择、种子质量及种子处理、选茬、整地、连片种植、分期精量施肥、有机与无机相结施肥、播种、田间管理、收获等技术。

本文件适用于黑龙江省北部地区，大豆采用垄作、小麦采用平作的大豆小麦轮作生产地块。

本文件适用于中、强筋小麦生产。

## 2　规范性引用文件

下列文件中的条款通过本文件的引用而成为本文件条款。凡是注日期的引用文件，其随后所有的修改单（不包括勘误的内容）或修订版均不适用于本文件，然而，鼓励根据本文件达成协议的各方研究是否可使用这些文件的最新版本。凡是不注日期的引用文件，其最新版本适用于本文件。

GB 4404.1—1996　粮食作物种子　禾谷类

NY/T 496　肥料合理使用准则　通则

GB/T 8321　农药合理使用准则

NY 525—2012　有机肥料　农业土壤化肥标准

## 3　术语与定义

下列术语与定义适用于本文件。

### 3.1　北部小麦种植区

黑龙江省大兴安岭地区、黑河市、齐齐哈尔市北部和绥化市北部等地区的小麦种植区。

### 3.2　分期精量施肥

在不同时期施用肥料，即秋施肥、春施肥、叶面施肥，在不同施肥水平下，分期施用不同量的氮、磷、钾肥，精准地把握施肥种类、施肥用量和施肥方法，减少养分的挥发和淋溶，有效提高肥料的利用率。

**3.3　商品有机肥**

主要来源于植物和（或）动物，施于土壤以提供植物营养为其主要功能的含碳物料；褐色或灰褐色，粒状或粉状，无机械杂质，无恶臭，能直接应用于大田作物，可改善土壤肥力、提供植物营养、提高作物品质。

**3.4　秋施肥**

秋季作物收获后，根据明年所要种植作物的需要，结合秋耕整地而进行的土壤深施肥作业。

**3.5　测土配方施肥**

在对土壤速效养分含量进行测定的基础上，根据作物计划产量计算出需肥数量及所需要施用肥料的效应，而提出的氮、磷、钾等肥料用量和比例及相应的施肥技术。

**3.6　基肥**

作物翻种前结合土壤耕作施用的肥料。

**3.7　种肥**

播种时施于种子附近，或与种子混播的肥料。

**3.8　追肥**

在作物生长期间所施用的肥料。

## 4　种子及种子处理

**4.1　品种选择**

根据市场要求，选择适应当地生态条件，经审定推广高产、抗逆性强、抗病性强、耐密植，抗倒伏的中、强筋小麦的品种。

**4.2　种子清选**

播前要进行种子清选，质量要达到GB 4404.1—1996《粮食作物种子禾谷类》要求。纯度不低于良种，净度不低于98%，发芽率不低于85%，种子含水量不高于13%。

## 5　选茬、整地、实行连片种植

### 5.1　选茬

在合理轮作的基础上，选用大豆茬无长残留性禾本科除草剂的地块，避免甜菜茬。

### 5.2　整地

坚持伏秋整地，整地质量要求整平耙细，达到待播状态。前茬无深松基础的地块，要进行伏秋翻地或耙茬深松，翻地深度为18～22 厘米，深松要达到 25～35 厘米。前茬有深翻、深松基础的地块，可耙茬作业，耙深 12～15 厘米。耙茬采取对角线法，不漏耙，不拖耙，耙后地表平整，高低差不大于 3 厘米。除土壤含水量过大的地块外，耙后应及时镇压。整地作业后，要达到上虚下实，地块平整，地表无大土块，耕层无暗坷垃，每平方米 2～3 厘米直径的土块不得超过 1～2 块。三年深翻一次，提倡根茬还田。

## 6　分期精量施肥配施有机肥技术

### 6.1　基本原则

分期施肥应采用基本原则是肥料减施、稳产、优质、增效。分期精量施肥应采用有机无机配合施用的原则，采用精量种子包衣、小麦平衡施肥结合有机肥进行控氮补磷增钾为关键，采用有机无机进行秋施底肥、春施种肥的分期施肥，关键生长期喷洒叶面肥，依靠耕层氮、磷不同时期效应和养分库容提升植株养分吸收效率，施肥方法采用机械条播，施肥深度为 8～10 厘米以下，土壤墒情适宜镇压要轻，反之镇压要重防止跑墒，适当增加有机肥料施用，可保证生育后期营养，对提高品质、增加粒重具有重要作用。

### 6.2　有机肥料参考用量

#### 6.2.1　指标

有机肥料技术指标要求应符合表 1 的要求，有机肥料中重金属的限量指标应符合表 2 的要求。

**表1　有机肥料技术指标**

| 项　　目 | 指　　标 |
| --- | --- |
| 有机质的质量分数（以烘干基计） | ≥45% |
| 总养分（氮＋五氧化二磷＋氧化钾）的质量分数（以烘干基计） | ≥5% |
| 水分（鲜样）的质量分数 | ≤30% |
| 酸碱度（pH） | 5.5～8.5 |

**表2　有机肥料中重金属的限量指标**

| 项　　目 | 指　　标 |
| --- | --- |
| 总砷（As）（以烘干基计） | ≤15毫克/千克 |
| 总汞（Hg）（以烘干基计） | ≤2毫克/千克 |
| 总铅（Pb）（以烘干基计） | ≤50毫克/千克 |
| 总镉（Cd）（以烘干基计） | ≤3毫克/千克 |
| 总铬（Cr）（以烘干基计） | ≤150毫克/千克 |

#### 6.2.2　商品有机肥用量

根据试验数据确定，利用商品有机肥可替代氮肥20%～35%，商品有机肥施用300～450千克/公顷，施用时应根据土壤肥力，使用不同量，有机质含量高的地块用低量，有机质含量低的地块用高量，有机肥应配合氮、磷、钾复混肥作基肥一次施用效果更好。

### 6.3　化肥参考量

#### 6.3.1　土壤肥力分级

农田土壤肥力主要以土壤有机质含量作为肥力判断的主要标准，土壤磷水平、钾水平、酸碱度水平分别以土壤有效磷、速效钾含量高低来衡量（表3）。

表 3　土壤肥力分级标准

| 肥力等级 | 土壤养分指标 | | | |
|---|---|---|---|---|
| | pH | 有机质（克/千克） | 有效磷（$P_2O_5$，毫克/千克） | 速效钾（$K_2O$，毫克/千克） |
| 高肥力 | 6.5～7.0 | ≥25 | ≥30 | ≥200 |
| 中肥力 | 5.0～6.5 | 15～25 | 10～30 | 80～200 |
| 低肥力 | ≤5.0 | ≤15 | ≤10 | ≤80 |

### 6.3.2　总施肥量

根据黑龙江北部地区土壤养分供应能力和肥料的肥效反应，结合各地丰产栽培实践，春小麦各种养分施肥量见表 4。

表 4　不同土壤肥力各种养分总施肥量

| 肥力等级 | 土壤养分指标 | | |
|---|---|---|---|
| | N（千克/公顷） | $P_2O_5$（千克/公顷） | $K_2O$（千克/公顷） |
| 高肥力 | 60～75 | 65～70 | 30～37 |
| 中肥力 | 75～75 | 70～75 | 37～37 |
| 低肥力 | 75～80 | 75～85 | 37～41 |

### 6.3.3　基肥

在秋收后深层施基肥，按照测土配方施肥标准结合耕翻施入土壤。优质农家肥用量过大，存量过少，建议使用正规厂家商品有机肥与化肥进行秋季深施底肥，深度 12 厘米。2/3 氮肥（减去有机替代量和追肥的量）、1/2 磷肥、1/2 钾肥及有机肥全部作底肥（表 5）。

表 5　春小麦基肥推荐用量

| 肥力等级 | 商品有机肥（千克/公顷） | N（千克/公顷） | $P_2O_5$（千克/公顷） | $K_2O$（千克/公顷） |
|---|---|---|---|---|
| 高肥力 | 300 | 32～40 | 33～35 | 15～19 |
| 中肥力 | 350 | 40 | 35～38 | 18～19 |
| 低肥力 | 450 | 40～43 | 38～43 | 19～21 |

### 6.4 种肥

春施1/3氮肥（减去追肥的量）、1/2磷肥、1/2钾肥作种肥。采用肥下种上的分层施肥法或肥下种上的分次施肥法。中量元素肥料：缺镁或缺硫地区和地块，施用7.5千克/公顷镁肥，施用5千克/公顷硫酸铵。微量元素肥料：缺硼地区和地块，作种肥施用硼肥30～45千克/公顷。

### 6.5 追肥

根据土壤养分和春小麦生长发育规律及需肥特性进行叶面喷肥，主推无人机超低量喷雾，其次是大型机械喷灌，喷施时期为4叶期至拔节前，喷施7.5千克/公顷尿素；抽穗期和扬花前，每公顷用磷酸二氢钾2.25千克加尿素5千克，对水喷施。

## 7 播种

土壤化冻达到5～6厘米深时，及时播种。采用10厘米、15厘米单条播或30厘米双条播，要边播种边镇压。镇压后的播深为3～4厘米，误差不大于±1厘米。

### 7.1 密度

密度要根据品种特性、土壤肥力和施肥水平等确定。实行精量播种。播种密度以650万～700万株/公顷为宜。

### 7.2 播量及播量计算

按每公顷保苗株数、种子千粒重、发芽率、净度和田间保苗率（一般为90%）计算播量。其公式如下：

$$\text{每公顷播量（千克/公顷）}=\frac{\text{每公顷保苗株数}\times\text{千粒重（克）}}{\text{发芽率（\%）}\times\text{净度（\%）}\times 10^{6}\times\text{田间保苗率（\%）}}$$

播量确定后应进行播量试验和播种机单口流量调整。正式播种前还应进行田间播量矫正。

### 7.3 播种期

黑龙江省一般在春季化冻后，东部地区土壤化冻3厘米深度，北部地区土壤化冻达到5～6厘米深度，西部地区化冻达7～8厘米深度时及时播种。具体是东部麦区 3 月底至 4 月初播种，北部和西部麦区 4 月 15 日左右。

### 7.4　播种质量

秋整地后，应早春活雪耢地，耢平后播种。播种和镇压要连续作业。播种过程中应经常检查播量，总播量误差不超过±2%，单口排种量误差不超过±2%。匀速作业，作业中不停车。多台播种机联合作业时，台间衔接行距误差不超过±2 厘米。做到不重播、不漏播、深浅一致、覆土严密、地头整齐。

## 8　田间管理

### 8.1　压青苗

小麦 3 叶期压青苗，根据土壤墒情和苗情用镇压器镇压 1～2 次。机车行进速度为 10～15 千米/时，禁止高速作业。

### 8.2　化控防倒伏

小麦拔节前叶面喷施壮丰安化控剂，每公顷 600 毫升；小麦旗叶展开后，叶面喷施麦壮灵化控剂，每公顷 375 毫升。

### 8.3　化学除草

按 GB/T 8321《农药合理使用准则》执行。

防除阔叶杂草：在分蘖末期到拔节初期，每公顷用 90% 2,4-滴异辛酯乳油 450～600 毫升，或 72% 2,4-滴丁酯乳油 900 毫升，或 72% 2,4-滴丁酯乳油 450 毫升混 48%百草敌水剂 375 毫升，选晴天、无风、无露水时均匀喷施。

防除单子叶杂草：野燕麦、稗草可用 6.9%精噁唑（骠马）浓乳剂每公顷 600～750 毫升，或 64%野燕枯可溶性粉剂 1 800～2 250毫升，对水喷施。手动喷雾器公顷用水量 225 千克，机械喷雾机公顷用水量 300 千克。

### 8.4　防治病虫

按 GB/T 8321《农药合理使用准则》执行。

防治黑穗病：用种子量 0.3%的 50%福美双拌种，防治小麦腥、散黑穗病，兼防根腐病，拌后即播，或用同药种衣剂包衣，晾一段时间后播种。

防治根腐病：用11%福酮种衣剂按药种比（1.5～2）：100拌种或用2.5%适乐时种衣剂按药种比（0.15～0.2）：100拌种，此方法可同时兼防小麦散黑穗病。

防治赤霉病：每公顷用40%多菌灵胶悬剂1 500毫升或80%多菌灵颗粒剂1 000毫升或25%咪鲜胺乳油800～1 000毫升于小麦扬花期对水喷施。

防治黏虫：每平方米有黏虫30头时，在幼虫3龄前，对水喷施4.5%菊酯乳油，每公顷450毫升。

防治蚜虫：可在每百穗有800头蚜虫时，用10%吡虫啉可湿性粉剂，每公顷300克，对水30～60千克喷雾处理。

## 9　机械收获

### 9.1　收获时期

机械分段收获在蜡熟末期进行，联合收割机收获在完熟初期进行。

### 9.2　收割质量

机械分段收获：割茬高度为20～25厘米。麦铺放成鱼鳞状，角度为45°～75°，厚度为6～8厘米，放铺整齐，连续均匀，麦穗不接触地面。割晒损失率不得超过1%。籽粒含水量下降到16%以下时，应及时拾禾脱粒。拾禾脱粒损失率不得超过2%。

联合收割机收割：割茬高度不高于25厘米，综合损失率不得超过2%，破碎粒率不超过1%，清洁率大于95%。

起草人：姜宇、张久明、张军政、郑淑琴、马献发、张起昌、李大志、米刚、周鑫

起草单位：黑龙江省农业科学院、哈尔滨工业大学、东北农业大学

# 黑龙江春小麦农药减量使用技术规程

## 1 范围

本文件规定了黑龙江省春小麦种子处理农药减量使用，除草剂减量施用和杀菌剂、杀虫剂减量施用技术规范。

## 2 规范性引用文件

下列文件对于本文件的应用是必不可少的。凡是注日期的引用文件，仅限所注日期的版本适用于本文件。凡是不注日期的引用文件，其最新版本（包括所有的修改单）适用于本文件。

GB 4285 农药安全使用标准

GB 4404.1—2008 粮食作物种子 禾谷类

GB/T 3543.1—3543.7 种子检验规程

GB/T 8321.2 农药合理使用准则

GB/T 8321.3 农药合理使用准则

GB/T 8321.4 农药合理使用准则

GB/T 8321.6 农药合理使用准则

GB/T 8321.9 农药合理使用准则

NY/T 1997—2011 除草剂安全使用技术规范通则

DB 51/337 无公害农产品农药使用守则

DB/T 925—2012 小麦主要病虫草害防治技术规范

## 3 术语和定义

### 3.1 农药助剂

农药助剂指本身无生物活性，但与某种农药混用时，能大幅度提高农药的毒力和药效的一类物质的总称。农药助剂具有减少喷雾药液随风（气流）漂移、利于药液在叶面铺展及黏附、提高其生物活性、减少用量、降低成本、保护生态环境的作用。

### 3.2 农药减施增效

结合农业防治、物理防治、生物防治、化学防治等方法，利用先进喷雾作业设备，再加上使用助剂来降低农药的使用量，达到防治病虫草害的效果。

### 3.3 种子包衣

种子包衣是指利用黏着剂或成膜剂，用特定的种子包衣机，将杀菌剂、杀虫剂、微肥、植物生长调节剂、警戒色或填充剂等非种子材料，包裹在种子外面，以达到种子成球形或者基本保持原有形状，提高抗逆性、抗病性，加快发芽、促进成苗、增加产量、提高质量的一项种子处理技术。

### 3.4 包衣种子

经过包衣处理，表面包涂种衣剂的种子，称包衣种子。

### 3.5 苗后茎叶处理

在杂草出苗后，直接将除草剂喷洒于植株上，将杂草防治在幼苗期。

## 4 黑龙江春小麦种子处理农药减量技术

### 4.1 播种期农药减施技术

防治对象：防治种传、土传病害。种传病害和土传病害有小麦根腐病、小麦黑穗病。

#### 4.1.1 种子处理剂

（1）6％戊唑·福美双可湿性粉剂（有效成分为2％戊唑醇、4％福美双）。

（2）2.5％咯菌腈（适乐时）悬浮种衣剂。

（3）15％三唑酮可湿性粉剂。

#### 4.1.2 选用增效助剂

（1）激健，按种子重量的0.75％添加。

（2）浸透，按种子重量的0.2％添加。

#### 4.1.3 种子处理

种子处理剂用法和用量参照农药标签说明。按药种比量取助剂添加到农药标签说明用量减量30%的种衣剂中，两者混匀，用包衣机或人工进行小麦种子包衣处理，要求达到小麦种子着色均匀，自然阴干后播种。

### 4.2 除草农药减施技术

#### 4.2.1 喷洒技术要求

苗后茎叶处理喷洒除草剂要在杂草基本出齐，小麦4～5叶期、杂草2～5叶期喷洒，选用流量及扇面角度小的扇形雾喷嘴，喷洒雾滴适宜直径为250～400微米，喷洒内吸性农药雾滴密度30～40个/厘米$^2$，触杀型农药50～70个/厘米$^2$，喷雾压力0.3～0.4兆帕，喷杆喷雾机喷洒苗后除草剂喷液量为75～100升/公顷。施药时车速6～8千米/时，匀速行驶，避免重喷漏喷和盲目加大用药量。

#### 4.2.2 以阔叶草为主的麦田可使用的除草剂

（1）2,4-滴异辛酯。

（2）氯氟吡氧乙酸。

（3）苯磺隆。

（4）噻吩磺隆。

用法和用量参照农药标签说明。

#### 4.2.3 以禾本科杂草为主的麦田可使用的除草剂

精噁唑禾草灵。用法和用量参照农药标签说明。

#### 4.2.4 选用的增效助剂

（1）LUCROP HPP施用剂量150毫升/公顷。

（2）激健，施用剂量225毫升/公顷。

（3）浸透，施用剂量75毫升/公顷。

添加助剂后，除草剂可减量30%施用。

#### 4.2.5 助剂使用方法

将助剂加少量水稀释后混入装有除草剂的药桶内，搅拌均匀后喷施即可。

### 4.3 小麦赤霉病防治农药减施技术

小麦赤霉病防治时期和防治指标：赤霉病药剂防治的最佳施药时期是小麦扬花期。穗部显症多在乳熟期，显症后喷药已经过迟。

一般可采用“西农云雀”小麦赤霉病自动监测预警系统在小麦扬花期以前预测当年赤霉病发病率。预测病穗率大于10%，进行药剂防治；病穗率小于10%，可不必进行药剂防治。

**化学防治**

48%氰烯菌酯·戊唑醇悬浮剂（有效成分）300～420克/公顷，或25%氰烯菌酯悬浮剂（有效成分）375克/公顷，按选用的喷雾设备要求对水均匀喷雾。可隔5～7天再喷1次，喷药时要重点对准小麦穗部。添加激健增效助剂225毫升/公顷可减少30%药剂用量。

### 4.4 小麦虫害防治农药减施技术

防治对象：麦蚜、黏虫。

麦蚜防治指标：麦蚜主要是麦二叉蚜和麦长管蚜，化学防治指标为百株（穗）蚜量超过500头，天敌单位与蚜虫比例小于1∶(100～150)，短期内无大雨。

黏虫防治：黏虫是远距离迁飞性、暴发性害虫，做好黏虫测报工作。采用诱蛾器或测报灯等诱测成虫蛾量，观测时间自5月10日至6月30日。

预报指标：自激增之日起，一台诱蛾器连续三天累计诱蛾量在500头以下为轻发生，500～1 000头为中等发生，1 000头以上重发生。

防治指标：每百株1～2龄幼虫10头以上，3～4龄幼虫30头以上，需要进行药剂防治。

#### 4.4.1 农业防治

选育和推广抗性品种。保护利用天敌，充分发挥自然控制力。当天敌与麦蚜比大于1∶150时，不必进行化学防治，麦蚜即会被控制在防治指标以下。麦田用药应选择对天敌安全的药剂（如抗蚜威等），减少用药次数及药量，尽量避开天敌敏感期施药。风雨对麦蚜具有强烈的杀伤控制作用，当防治适期遇风雨天气时，可推迟防治或不进行化学防治。

#### 4.4.2 化学防治

蚜虫防治：当平均单株芽量达到5头，益害比小于1∶150，近日又无大风雨时，要及时进行药剂防治。防治药剂：3%啶虫脒可湿性粉剂 300～450 克/公顷，或 35%吡虫啉 60～80 克/公顷，或 2.5%功夫乳油 150～225 克/公顷喷雾。并可结合喷施叶面肥加喷施宝、磷酸二氢钾等微肥混合，按选用的喷雾设备要求对水喷雾。以达到促进小麦籽粒成熟饱满、增加粒重、预防干热风、增加产量的目的。

黏虫防治：防治时期掌握在低龄幼虫（3 龄前）盛期。防治药剂：50%辛硫磷乳油 75～900 毫升/公顷，或 25%除虫脲可湿性粉剂 300 克/公顷，或 2.5%高效氯氰菊酯乳油 300 毫升/公顷，或 2.5%溴氰菊酯乳油 750 毫升/公顷，或 48%乐斯本乳油 750 毫升/公顷等，按选用的喷雾设备要求对水喷雾。添加激健增效助剂 225 毫升/公顷可减少 30%药剂用量。

起草人：左豫虎、孔祥清、柯希望

起草单位：黑龙江八一农垦大学农学院

# 内蒙古小麦病虫草害绿色防控技术规程

## 1　范围

本文件规定了内蒙古小麦病虫草害绿色防控技术，提出病虫草害防治策略、农业防治、物理防治、化学防治技术措施。

本文件适用于内蒙古小麦病虫草害的绿色防控。

## 2　规范性引用文件

下列文件中条款，通过在本文件的引用而成为本文件的条款。凡是注日期的引用文件，其随后所有的修改单（不包括勘误的内容）或修订版均不适用于本文件，然而，鼓励根据本文件达成协议的各方研究使用这些文件的最新版本。凡是不注日期的引用文件，其最新版本适用于本文件。

GB 4285 农药安全使用标准

GB/T 8321 农药合理使用准则

NY/T 1276 农药安全使用规范准则

NY/T 496 肥料合理使用准则 通则

NY/T 1608 小麦赤霉病防治技术规范

## 3 术语和定义

下列术语和定义适用于本文件。

### 3.1 绿色防控

绿色防控是指从农田生态系统整体出发，以农业防治为基础，积极保护利用自然天敌，恶化病虫的生存条件，提高农作物抗虫能力，在必要时合理地使用化学农药，将病虫危害损失降到最低限度。它是持续控制病虫灾害、保障农业生产安全的重要手段；通过推广应用生态调控、生物防治、物理防治、科学用药等绿色防控技术，以达到保护生物多样性、降低病虫害暴发概率的目的；同时它也是促进标准化生产、提升农产品质量安全水平的必然要求；是降低农药使用风险、保护生态环境的有效途径。

### 3.2 农药助剂

农药助剂指本身无生物活性，但与某种农药混用时，能大幅度提高农药的毒力和药效的一类助剂的总称。农药助剂主要是抑制或弱化靶标（害虫、杂草、病菌等）对农药活性的解毒防药害作用，延缓药剂在防治对象内的代谢速度，从而增加防效。农药助剂具有减少喷雾药液随风（气流）漂移，利于药液在叶面铺展及黏附，有提高其生物活性、减少用量、降低成本、保护生态环境的作用。

### 3.3 农药减施增效

结合农业防治、物理防治、生物防治、化学防治等方法，利用高杆喷雾、无人机等先进作业设备，再加上使用助剂来减少生产中化学农药的投入使用，实现农产品产量与质量安全、农业生态环境保护相协调的可持续发展，同时降低农业生产成本，促进农民节本增效。

## 4　内蒙古春小麦农药减施技术

### 4.1　防控原则

坚持“预防为主，综合防治”植保方针，突出生态控制、物理防治、生物防治等绿色防控技术，加强田间病虫情监测，配合科学合理使用化学防治，病害重在预防，虫害达标防治。农药的使用应符合农药安全使用标准（GB 4285）和农药合理使用准则（GB/T 8321，所有部分）的规定。

### 4.2　农业防治措施

#### 4.2.1　选用抗（耐）病品种

因地制宜选用高产稳产抗耐病品种。西部区选择永良 4 号小麦品种；东部区主要选择龙麦 33、龙麦 35，克春 4 号、克春 5 号、克春 8 号等品种。

#### 4.2.2　合理轮作倒茬

与油菜、水飞蓟、甜菜等作物进行 4～5 年轮作，能收到较好的防效。

#### 4.2.3　适期播种，合理密植

根据小麦品种特性、播种时间和土壤墒情，确定合理的播种量，实施健身栽培，培植丰产防病的小麦群体结构，防止田间郁蔽，避免倒伏，减轻病害发生。

#### 4.2.4　科学肥水管理

实行测土配方施肥，适当增加有机肥和磷、钾肥，改善土壤肥力，促进植株生长。合理灌溉，及时排水和灌水，控制田间湿度；及时清除田间杂草，改善田间通风透光条件，提高植株抗病性。

### 4.3　化学防治措施

#### 4.3.1　使用原则

优先选用微生物农药和植物源农药，合理使用高效、低毒、低残留的化学农药；禁止使用剧毒、高毒、残留期较长的农药。科学轮换用药，优先轮换使用具负交互抗性的农药；坚持一喷多防、治“主”兼“次”，积极使用农药减量增效助剂，切实降低化学农药使

用次数和用药量。注重选用芸薹素内酯、赤霉素、氨基酸寡糖素等植物生长调节剂，增强小麦植株抗逆性。

**4.3.2　主要技术措施**

重点抓好小麦播种期、苗期病虫草害防治关键时期，小麦播种时大力推行种子包衣、药剂拌种技术，苗后加强田间病虫情的调查，抓好东部区小麦赤霉病的预测预报工作，对病虫发生达到防治指标的田块要及时开展化学防控。

**4.3.2.1**　播种期

防治对象：黑穗病、根腐病、蛴螬、金针虫、蝼蛄、蚜虫、麦蜘蛛等。

技术措施：

西部区主要防治黑穗病：小麦种子用6%福戊可湿性粉剂（WP）（福美戊唑醇，福美双4%和戊唑醇2%）拌种。种衣剂用量0.7克/千克种子（种衣剂常规用量的70%），每千克种子用助剂激健量0.75毫升。加水拌匀阴干，减少病菌侵染。

东部区主要针对黑穗病、根腐病、地下害虫及苗期蚜虫：每千克种子采用10%吡虫啉0.9克、6%福戊可湿性粉剂（WP）0.7克、0.75毫升农药助剂激健，加入0.8%维大利（VDAL）0.0075克拌种（维大利每公顷用量2.25克）。

**4.3.2.2**　苗期

防治对象：杂草。

防治指标：小麦3～4叶期。

技术措施：

西部区：采用10%苯磺隆可湿性粉剂105克/公顷加入农药助剂HPP 150毫升/公顷，对水450千克进行喷雾处理。

东部区单一阔叶草发生区：喷施50克/升双氟磺草胺悬浮剂52.5毫升/公顷＋10%唑草酮可湿性粉剂157.5克/公顷＋助剂HPP150毫升/公顷。东部区阔叶杂草与禾本科杂草混生区：在上述东部区用药基础上加用15%炔草酯可湿性粉剂262.5克/公顷或5%唑啉草酯乳油630毫升/公顷。

**4.3.2.3**　穗期

防治对象：在小麦开始见花时，以赤霉病预防为中心实施总体防治。

防治指标：小麦抽穗至扬花期，根据预测小麦赤霉病病穗率是否达到3%作为防治指标。

技术措施：预防赤霉病，选择渗透性、耐雨水冲刷性、持效性较好且对白粉病、锈病有兼治作用的农药，如氰烯·戊唑醇、戊唑·咪鲜胺、丙硫·戊唑醇、咪鲜·甲硫灵、苯甲·多抗、苯甲·丙环唑、戊唑·百菌清、井冈·蜡芽菌、甲硫·戊唑醇、戊唑·多菌灵、咪锰·多菌灵、戊唑·福美双、氰烯菌酯、甲基硫菌灵、60%多·酮和80%多菌灵可湿粉剂等。减少农药用量30%，对水加入农药助剂 HPP 150 毫升/公顷进行喷雾预防，同时抽穗期喷施浓度百万分之一 VDAL；若花期多雨或多雾露，应在药后 5～7 天再喷施农药防治一次，根据气候变化等视情开展第三次防治。

起草人：景岚、路妍、宋阳、张永平、贾立国、王小兵、靳存旺、敖勐旗、骆璎珞

起草单位：内蒙古农业大学、内蒙古农牧业科学研究院、巴彦淖尔市五原县农业技术推广中心、呼伦贝尔市种子管理站、呼伦贝尔市谢尔塔拉农科中心

# 内蒙古东部旱作区小麦高产高效抗性品种栽培技术规程

## 1　范围

本文件规定了内蒙古东部旱作区小麦高产高效抗性品种栽培的耕作整地、品种选用、种子处理、播种、施肥、浇水、病虫害防治及收获储藏等技术规范。

本文件适用于内蒙古大兴安岭沿麓地区小麦生产。

## 2 规范性引用文件

下列文件对于本文件的应用是必不可少的。凡是注日期的引用文件，仅所注日期的版本适用于本文件。凡是不注日期的引用文件，其最新版本（包括所有的修改单）适用于本文件。

GB 1351—2008 小麦

GB/T 8321.1.9 农药合理使用准则（所有部分）

NY/T 496—2010 肥料合理使用准则 通则

## 3 产地环境

内蒙古自治区呼伦贝尔积温 1 700～2 200 ℃地区，具备一定的生产规模，无污染。

## 4 目标产量

350～380 千克/亩。

## 5 群体结构

基本苗 40 万～42 万株/亩、有效穗数 35 万～41 万/亩、穗粒数 28～30 粒、千粒重 36～40 克。

## 6 肥料施用准则

应符合 NY/T 496—2010 的规定。

## 7 农药使用准则

GB/T 8321.1.9 的规定。

## 8 栽培技术要点

### 8.1 品种选用

选用通过内蒙古自治区品种审定委员会审（认）定的高产、强筋品质、综合抗性好的小麦品种。正常年份选用生育期90～95天，株高85～90厘米的品种；春季干旱严重年份选用生育期85～88天，株高85～90厘米，高产、强筋或中强筋品质、抗性好的品种。

Ⅰ类品种：格来尼、拉1553、华垦麦1号、华垦麦2号。

Ⅱ类品种：拉2577、内麦19、内麦2号、内麦4号、内麦5号。

### 8.2　土地条件

选用平整、坡度<13°、有机质含量5%以上、土层深厚的中上等肥力土地。

### 8.3　合理轮作

轮作宜采取5年轮作免耕模式：小麦+深松-油菜-大麦-油菜-小麦+深松。

### 8.4　秸秆还田

前茬作物收获时，采用联合收割机收获后秸秆直接粉碎还田，粉碎长度3～5厘米，抛撒均匀，覆盖保墒；小麦收获后要及时进行秸秆粉碎还田。

### 8.5　精细整地

轮作周期内土壤深松应于小麦收获后，9月20日前后进行，深度为25～35厘米；一般较硬无深松基础的地块要进行秋翻，耙茬后及时耢平、镇压保墒；夏翻地于6月20日至7月10日进行深翻，深度为30～35厘米，打破犁底层。

播前适时用链轨耢子串耢地1遍，之后磙地1遍，达到封裂保墒，实现地块平整，为种子萌发、麦苗生长创造良好的土壤条件。

### 8.6　种子准备

#### 8.6.1　种子质量要求

种子质量应符合GB 4404.1—2008规定。

#### 8.6.2　种子处理

**（1）晒种**　播前第一个回暖期内进行晒种2天，要均摊薄晒，经常翻动。

**（2）拌种**　4%甲霜·种菌唑10毫升+10%吡虫啉25克+0.8%维大利、黑穗停30克+10%吡虫啉25克+0.8%维大利。

## 8.7　播种

### 8.7.1　播期选择

Ⅰ类品种适宜播种期 4 月 25 日至 5 月 10 日，Ⅱ类品种适宜播种期 5 月 10～20 日。提倡抢墒早播。

### 8.7.2　机械调试

进行播种机摇轮试验，单口流量误差不超过±2%，确保排种、排肥均匀一致，量化准确。

### 8.7.3　播种方式

可选择直接进行免耕机械播种，或采用浅耕耙茬或浅松机械播种，也可采用和垂直方向呈 30°角的角播方式播种。

### 8.7.4　播种深度

3～5 厘米。

### 8.7.5　播后镇压

严格保墒措施，随播随镇压 2 遍。

### 8.7.6　种植密度

亩播量按 40 万～42 万粒有效种子计算。

### 8.7.7　施种肥

亩施用量为：有机肥（20-10-10）9～10 千克、磷酸二铵 10～12 千克、尿素 3 千克、硫酸钾 3～4 千克。

## 8.8　田间管理

### 8.8.1　查苗

出苗期间及时查苗，当有种子落干没发芽缺苗断垄时，及时局部补水或踏实接墒催芽。

### 8.8.2　压青苗

在出齐苗后视土壤墒情和苗情及时磙青，用镇压器压青苗 1～2 次，防止徒长，力争壮苗。

### 8.8.3　配方追肥

小麦 3 叶期结合化学灭草进行叶面追肥，喷施尿素液每亩 0.5 千克对水 15 升；小麦五叶期，根据天气预报，降雨前及时根际追施尿素 3～4 千克/亩；扬花期用“有机水溶肥料”每亩 10 毫升对水 15 升，进行喷施。

#### 8.8.4　化学灭草

**（1）单一阔叶草发生区**　喷施 50 克/升双氟磺草胺悬浮剂 3.5 毫升/亩＋10%唑草酮可湿性粉剂 10.5 克/亩＋HPP 10 毫升/亩等。

**（2）阔叶杂草与禾本科杂草野燕麦混生区**　在上述用药基础上加用 15%炔草酯可湿性粉剂 17.5 克/亩或 5%唑啉草酯乳油 42 毫升/亩。

3 叶期结合化学灭草进行叶面追肥，喷施尿素液每亩 0.5 千克对水 15 升。

#### 8.8.5　化学调控

根据麦田长势，在小麦 3～4 叶期结合化学灭草进行生长调控，用 20%多唑甲哌鎓每亩 30 毫升对水 15 升，进行喷洒，壮根健叶，防止倒伏。在抽穗至灌浆期每隔 7～10 天喷施叶面肥 1 次，每亩用磷酸二氢钾 0.1 千克＋尿素 0.5 千克对水 15 升喷洒。

#### 8.8.6　病虫防治

**（1）小麦赤霉病**　在抽齐穗至开花初期防治。用 5%戊唑醇乳油 2 500 倍液＋50%咪鲜胺锰盐 1 000～2 000 倍液＋50%咪鲜胺锰络合物 1 000～2 000 倍液混合喷施。7 天内如有降雨，或者高感品种都应进行第二次防治，两次间隔 7 天左右。

**（2）蚜虫**　抽穗期至灌浆期百株蚜虫量达到 500 头时进行防治。每亩用 50%抗蚜威可湿性粉剂 10 克对水 15 升喷雾或用 0.6%苦参碱植物农药 60 毫升对水 15 升喷雾。

**（3）草地螟**　在成虫产卵盛期前，用糖醋盆、黑光灯等方法诱杀成虫，降低虫口密度。重发生麦田在幼虫 3 龄前进行药剂防治，用 2.5%高效氯氟氰菊酯乳油 2 000 倍液均匀喷雾，注意与相邻地块联防。

## 9　适时收获

小麦进入蜡熟末期，及时进行机械收割，在达到完熟后一周内收完。

## 10　晾晒、贮藏

选择无污染的晒场，及时晾晒，出风扬净，使籽粒含水量迅速降至13%以下，分类集大堆，堆底垫高20～30厘米压实麦秸；贮藏于通风干燥处，注意防雨及生物危害。要单品种贮藏，避免品种间混杂。

起草人：王小兵、景岚、贾立国、张永平
起草单位：内蒙古农牧业科学研究院、内蒙古农业大学

# 春小麦优质高产栽培技术规程

## 1 范围

本文件规定了中强筋多抗春小麦生产的栽培技术要点。

本文件适用于东北春麦区。

## 2 规范性引用文件

下列文件对于本文件的应用是必不可少的。凡是注日期的引用文件，仅注日期的版本适用于本文件。凡是不注日期的引用文件，其最新版本（包括所有的修改单）适用于本文件。

GB 1351—2007 小麦

GB/T 4404.1—2008 粮食作物种子 禾谷类

GB 4285—89 农药安全使用标准

GB/T 8321.1—GB/T 8321.9 农药合理使用准则

GB/T 15671—2009 主要农作物薄膜包衣种子技术条件

NY/T 496—2002 肥料使用准则　通则

GB/T 15796—1995 小麦赤霉病测报调查规范

NY/T 1443.1—2007 小麦抗秆锈病评价技术规范

GB/T 15798—2009 黏虫测报调查规范

NY/T 612—2002 小麦蚜虫测报调查规范

NY/T 613—2002 小麦白粉病测报调查规范

NY/T 617—2002 小麦叶锈病测报调查规范

## 3　术语和定义

下列术语和定义适用于本文件。

### 3.1　播种期

实际播种日期，以月/日表示。

### 3.2　出苗期

全田的50%以上的植株幼芽鞘露出地面1厘米时为出苗期。

### 3.3　根腐病轻

小麦根腐病抗性鉴定≥4级的春小麦品种。

### 3.4　赤霉抗性好

赤霉病抗性鉴定时，病害反应级平均值2～3级的小麦品种即中抗赤霉病品种。

### 3.5　基肥

小麦整地播种时施入的肥料。

### 3.6　追肥

在小麦生长期间施用的肥料。

## 4　品种选用

东北春麦区推广应用的根腐病轻、赤霉抗性好的小麦品种，主要有克春4号、克春9号、克春11、龙麦35等春小麦品种。

## 5　栽培技术要点

### 5.1　土壤耕作

#### 5.1.1　翻、松、耙结合整地

耕作应以耙茬为主，翻、松为辅，抓好秋整地，冬前达到或基本达到播种状态，做到春季少动土。根据秋涝必春涝，秋旱必春旱的规律，秋涝的年份整地应采取多翻、多松、少耙；秋旱的年份应少翻、少松、多耢。切忌湿整地和湿播种。

#### 5.1.2　抗旱保墒保全苗

土壤墒情较差，要采取抗旱保墒措施。早春用链轨耢、钢轨耢或大木耢耢地，以弥缝保墒。整地、播种、镇压做到集中、复式和

连续作业。播前整地质量达到平、暄、细、碎、齐。

## 5.2 施肥技术

### 5.2.1 肥料用量

**（1）氮肥** 每公顷 N 60.0～75.0 千克。

**（2）磷肥** 每公顷 $P_2O_5$ 60.0～75.0 千克。

**（3）钾肥** 每公顷 $K_2O$ 18.0～22.5 千克。

**（4）氮、磷、钾比例** $N:P_2O_5:K_2O=1:1.1:0.3$。

### 5.2.2 施肥方法

**（1）深施肥** 秋深施肥一般在气温降至 10 ℃以下（10 月 1 日以后）进行，施肥深度达到 10～15 厘米，深施肥地块必须达到播种状态，深施肥量占总施肥量的 2/3。

**（2）基肥** 播种前或随播种将余下 1/3 化肥施入，根据后期生长发育情况辅以追肥。

**（3）追肥** 叶面追肥：在麦苗 3～4 叶期结合化学灭草同时进行，每公顷喷施尿素 5～10 千克；在小麦开花期结合防病喷施磷酸二氢钾 3 千克/公顷或其他微肥。

## 5.3 种子

### 5.3.1 选用良种

种子纯度 98%以上，净度 98%以上，发芽率 85%以上。

### 5.3.2 种子精选

麦种要用精选机选种，最好先用精选机选后再用比重选种机选一次，分级选种。

### 5.3.3 种子处理

用小麦种衣剂进行机械包衣，如 6%戊唑·福美双可湿性粉剂（有效成分为 2%戊唑醇、4%福美双），用正常种衣剂量的 70%＋激健增效助剂 150 毫升/公顷药液拌种。

## 5.4 播种

### 5.4.1 播期

土壤解冻深度达到 5 厘米以上开始播种。

**5.4.2　密度**

650 万～700 万株/公顷。

**5.4.3　播种量**

$$R_s=\frac{D_p\times W_t}{1\,000\times1\,000\times S_g\times S_h}$$

式中：$R_s$——播种量，单位面积所播小麦种子的质量，单位为千克；

$D_p$——计划基本苗，单位面积计划的小麦群体密度，单位为株；

$W_t$——千粒重，1 000 粒净种子的质量，单位为克；

$S_g$——种子发芽率，指发芽试验中测试种子发芽数占测试种子总数的百分比，单位为百分率；

$S_h$——田间出苗率，指具有发芽能力的种子播到田间后出苗的百分比，单位为百分率。

**5.5　田间管理**

**5.5.1　压青苗**

在两叶一心到 3 叶一心期；注意匀速作业，地头不能急转弯，镇压次数 1～2 次，严防湿压。

**5.5.2　化学灭草**

在杂草 3～4 叶期依据麦田杂草发生种类和数量，选用适宜的化学除草剂均匀喷洒进行防除。用 75％噻吩磺隆或 48％麦草畏（常规 70％用量）＋HPP150 毫升/公顷进行化学除草。施用方法：噻吩磺隆 31.5 克/公顷＋HPP150 毫升/公顷，或麦草畏 315 毫升/公顷＋HPP150 毫升/公顷；施用时期：噻吩磺隆在苗后 2 叶期至孕穗期，麦草畏在小麦 3～5 叶期喷施。

**5.5.3　赤霉病防治**

根据小麦赤霉病监测预警结果，达到防治指标可采用多菌灵或戊唑·咪鲜胺防治。

**（1）供试药剂**　48％氰烯·戊唑醇悬浮剂、40％丙硫菌唑·戊唑醇悬浮剂、30％戊唑·多菌灵悬浮剂、41％甲硫·戊唑醇悬浮剂、45%戊唑・咪鲜胺水乳剂、30%唑醚・戊唑醇悬浮剂。

**(2) 施用方法** 供试药剂常规用量的70%+激健助剂150毫升/公顷，即48%氰烯・戊唑醇悬浮剂420～630克/公顷、40%丙硫菌唑・戊唑醇悬浮剂315～525毫升/公顷、30%戊唑・多菌灵悬浮剂787～1 050毫升/公顷、41%甲硫・戊唑醇悬浮剂525～787毫升/公顷、45%戊唑・咪鲜胺水乳剂210～262克/公顷、30%唑醚・戊唑醇悬浮剂420～525毫升/公顷。

**(3) 施用时期** 在小麦扬花初期第一次施药，如天气预报在小麦齐穗期有连续阴雨或高温高湿（雾霾）天气，首次喷药时间应提早至齐穗期。是否进行二次施药视病害发展情况来决定。

**(4) 施药注意事项** 施药后8小时内遇雨，应在晴天补防1次。注意用足水量，一般每亩用水量不少于40千克。施药时均匀周到，在穗期要对准植株上部特别是穗部重点喷药。注意轮换使用不同作用机理的药，以延缓病菌抗药性的产生，提高防控效果。

**5.6 收获**

麦类收获可采取联合和分段收获。

**5.6.1 割晒**

在麦类成熟前要经常进行田间调查，蜡熟初期开始打道，蜡熟中期割晒。机械割晒放铺要直，割幅一致，不塌铺、不掉穗、不飞穗。割茬高度一般以18～22厘米为宜，放鱼鳞铺，宽度1.5～1.8米，厚度一般为8～10厘米。

**5.6.2 拾禾**

割晒的麦子籽粒水分小于18%时应立即进行拾禾，综合损失率小于2%。

**5.6.3 联合收获**

麦类达到完熟期进行联合收获，割茬不能高于25厘米，做到脱净、不跑粮、不漏粮、不裹粮、综合损失率小于2%。

起草人：张起昌、邵立刚、车京玉、李长辉、马勇、刘宁涛、王志坤、田超、尹雪巍、于倩倩

起草单位：黑龙江省农业科学院克山分院

# 黑龙江省春小麦播前耕作整地技术规程

## 1　范围

本文件规定了春小麦播前耕作、整地要求。

本文件适用于黑龙江省春小麦产区。

## 2　规范性文件的引用

下列文件对于本文件的应用是必不可少的。凡是注日期的引用文件，仅限所注日期的版本适用于本文件。凡是不注日期的引用文件，其最新版本（包括所有的修改单）适用于本文件。

GB/T 14225 铧式犁

GB/T 24675.2 保护性耕作机械 深松机

NY/T 742 铧式犁 作业质量

NY/T 997 圆盘耙 作业质量

NY/T 52 土壤水分测定法

NY/T 1121.4—2006 土壤检测 第4部分：土壤容重的测定

LY/T 1223—1999 森林土壤坚实度的测定

## 3　术语与定义

下列术语和定义适用于本文件。

### 3.1　秋整地

前茬作物收获后，秋季耕翻灭茬，对表层土壤进行破碎、平整及镇压的作业。整地是耕地辅助作业，主要作业形式有翻地后耙地、播前镇压等，达到播种标准。

### 3.2　耕翻深度（耕深）

作业后土壤耕作层上表面到耕作层底部的垂直距离。

### 3.3　植物残体翻压率

植物残体指覆盖在地面上的杂草、残茬、残株等。单位面积内耕后覆盖的植物残体重量占耕前的植被重量的百分比。

**3.4　重耕、漏耕**

相邻两幅或相邻两铧的耕幅发生重叠时称为重耕；能够作业的地方在实际中没有作业称为漏耕。

**3.5　土壤自然含水率**

采用烘干法测定，每单位干土质量中含水量的百分比。

**3.6　地表平整度**

指耕前或耕后地表相对一基准面的起伏程度。

**3.7　深松**

深松作业是用不同的动力机械配套相应的深松机械，来完成农田作业；不翻土，打破犁底层，创造虚实并存土壤结构，一般深松深度＞25 厘米，深度＞30 厘米为超深松。

**3.8　碎土**

作业后地表及耙层内长边不大于 5 厘米的土块。

**3.9　漏耙**

未按规定要求完成耙茬作业，形成遗漏区域的现象。

**3.10　灭茬**

消除地表作物残茬和杂草的作业。

**3.11　入土行程**

机组的最后一个犁体从铧尖触地始至达到规定耕深时止所经过的水平距离。

## 4　耕作和整地优化规程

**4.1　前茬为玉米或小麦**

要求收获时秸秆随机械粉碎，粉碎长度小于 20 厘米。可选择铧式犁耕翻作业（按 5 铧式犁耕翻作业质量），如果铧式犁耕翻作业碎土率和平整度未达到作业质量要求，再结合圆盘耙作业（按 7 圆盘耙作业质量）直到满足整地要求。

### 4.2 前茬为大豆茬

要求收获时秸秆随机械粉碎，粉碎长度小于20厘米，均匀抛撒。可选择铧式犁耕翻作业（按5铧式犁耕翻作业质量）或深松机作业（按6深松机作业质量），若碎土率和平整度未达到作业要求，可结合圆盘耙作业直到满足整地要求。

### 4.3 小麦播前耕作整地达到要求

见表1。

**表1 小麦播前耕作整地质量要求**

| 耕作指标 | 达到标准 |
|---|---|
| 耕作深度 | 平均达到25厘米 |
| 耕深及耕宽稳定性变异系数 | ≤10% |
| 碎土率（粒径≤5厘米的土块） | ≥70% |
| 地面平整度标准差 | ≤3.5厘米 |
| 耙后沟底平整度标准差 | ≤4.0厘米 |

## 5 铧式犁耕翻作业质量

### 5.1 技术条件

**5.1.1** 秋季前茬收获至封冻期适时耕翻，达到规定的耕深，与规定耕深相差不超过1厘米。

**5.1.2** 翻垡良好，覆盖严密，耕后地表平整。

**5.1.3** 不漏耕、重耕；地头、地边要耕到、耕好；墒沟、垄背要小。

### 5.2 作业条件

秋季前茬收获至封冻期在土壤宜耕期内耕翻，土壤自然含水率10%～25%，茬高度≤20厘米，秸秆长度≤20厘米。

### 5.3 作业质量指标

**5.3.1** 平均耕深25厘米，耕深及耕宽稳定性变异系数≤10%。

**5.3.2** 耕幅一致，实际幅宽与设计幅宽误差在±2厘米以内。

**5.3.3** 碎土率（粒径≤5 厘米）≥70%。

**5.3.4** 前茬秸秆翻压率≥85%。

**5.4 检测方法**

按照 NY/T 742 中 4 的要求。

## 6 深松机作业质量

### 6.1 技术要求

**6.1.1** 深松前应根据当地的农艺要求和机具性能，对深松机深松铲间距进行调整。凿式深松机深松铲间距调整范围为 40～50 厘米，翼铲式深松机深松铲间距调整范围为 60～80 厘米；全方位深松机深松铲间距是固定的，不需要进行调整。

**6.1.2** 深松深度要平均达到 25 厘米，要求耕深一致，不翻动土壤。

### 6.2 作业条件

地表植被覆盖量≤1 千克/米$^2$，留茬高度≤25 厘米，土壤自然含水量为 15%～22%，土壤坚实度≤1.0 兆帕。

### 6.3 作业质量

**6.3.1** 一般深松深度≥25 厘米；深松深度相对误差在±2 厘米以内。

**6.3.2** 深松深度变异系数≤10%。

**6.3.3** 入土行程≤1 米。

**6.3.4** 土壤容重变化率≥5%。

**6.3.5** 土壤坚实度变化率≥5%。

**6.3.6** 行距一致性≤15%。

## 7 圆盘耙作业质量

### 7.1 作业条件

在土壤自然含水率为 10%～25%条件下作业。

### 7.2 作业质量

**7.2.1** 根据土壤墒情确定耙深。

**7.2.2** 耙深合格率≥75%。

**7.2.3**　耙后地表平整度标准差≤3.5厘米。

**7.2.4**　耙后沟底平整度标准差≤4.0厘米。

**7.2.5**　碎土率≥70%。

起草人：马献发、付连双、孟庆峰、刘春柱

起草单位：东北农业大学

# 黑龙江省春麦化肥农药减施技术规程

## 1　范围

本文件规定了小麦生产的品种选择、种子质量及种子处理、选茬、整地、连片种植、分期施肥、有机与无机相结合施肥、播种、田间管理、收获等技术。

本文件适用于黑龙江省北部地区，大豆采用垄作、小麦采用平作的大豆小麦轮作生产地块。

本文件适用于中筋、强筋小麦生产。

## 2　规范性引用文件

下列文件中的条款通过本文件的引用而成为本文件条款。凡是注日期的引用文件，其随后所有的修改单（不包括勘误的内容）或修订版均不适用于本文件，然而，鼓励根据本文件达成协议的各方研究使用这些文件的最新版本。凡是不注日期的引用文件，其最新版本适用于本文件。

GB 1351—2007 小麦

GB/T 4404.1—2008 粮食作物种子 禾谷类

GB 4285—89 农药安全使用标准

GB/T 8321.1～8321.9 农药合理使用准则

GB/T 15671—2009 主要农作物薄膜包衣种子技术条件

GB/T 15796—1995 小麦赤霉病测报调查规范

GB/T 15798—2009 黏虫测报调查规范

NY/T 496 肥料合理使用准则 通则

NY 525—2012 有机肥料　农业土壤化肥标准

NY/T 1443.1—2007 小麦抗秆锈病评价技术规范

NY/T 612—2002 小麦蚜虫测报调查规范

NY/T 613—2002 小麦白粉病测报调查规范

NY/T 617—2002 小麦叶锈病测报调查规范

## 3　术语与定义

下列术语与定义适用于本文件。

**3.1　北部小麦种植区**

黑龙江省大兴安岭地区、黑河市、齐齐哈尔市北部和绥化市北部等地区的小麦种植区。

**3.2　播种期**

实际播种日期，以月/日表示。

**3.3　出苗期**

全田的50%以上的植株幼芽鞘露出地面1厘米时为出苗期。

**3.4　根腐病轻**

小麦根腐病抗性鉴定≥4级。

**3.5　赤霉抗性好**

赤霉病抗性鉴定时，病害反应级平均值2～3级。

**3.6　农药助剂**

农药助剂指本身无生物活性，但与某种农药混用时，能大幅度提高农药的毒力和药效的一类助剂的总称。农药助剂主要是抑制或弱化靶标（害虫、杂草、病菌等）对农药活性的解毒防药害作用，延缓药剂在防治对象内的代谢速度，从而增加防效。农药助剂可以减少喷雾药液随风（气流）漂移，利于药液在叶面铺展及黏附，起到提高其生物活性、减少用量、降低成本、保护生态环境的作用。

**3.7　农药减施增效**

结合农业防治、物理防治、生物防治、化学防治等方法，利用高杆喷雾、无人机等先进作业设备，再加上使用助剂来降低农药的使用量，达到防治病虫害的效果。

### 3.8　分期精量施肥

在不同时期施用肥料，即秋施肥、春施肥、叶面施肥，在不同施肥水平下，分期施用不同量的氮、磷、钾肥，精准地把握施肥种类、施肥用量和施肥方法，减少养分的挥发和淋溶，有效提高肥料的利用率。

### 3.9　商品有机肥

主要来源于植物和（或）动物，施于土壤以提供植物营养为其主要功能的含碳物料；褐色或灰褐色，粒状或粉状，无机械杂质，无恶臭，能直接应用于大田作物，可改善土壤肥力、提供植物营养、提高作物品质。

### 3.10　秋施肥

指秋季作物收获后，根据明年所要种植作物的需要，结合秋耕整地而进行的土壤深施肥作业。

### 3.11　测土配方施肥

在对土壤速效养分含量进行测定的基础上，根据作物计划产量计算出需肥数量及所需要施用肥料的效应，而提出的氮、磷、钾等肥料用量和比例及相应的施肥技术。

### 3.12　基肥

作物翻种前结合土壤耕作施用的肥料。

### 3.13　种肥

播种时施于种子附近，或与种子混播的肥料。

### 3.14　追肥

在作物生长期间所施用的肥料。

## 4　种子及种子处理

### 4.1　品种选择

根据市场要求，选择适应当地生态条件，经审定的高产、抗逆性强、抗病性强、耐密植，抗倒伏的中、强筋小麦品种。东北春麦区推广应用根腐病轻、赤霉抗性好的小麦品种，种子质量符合 GB/T 4404.1—2008 的要求。

### 4.2 种子清选

播前要进行种子清选，质量要达到 GB 4404.1—1996《粮食作物种子禾谷类》要求。纯度不低于良种，净度不低于 98%，发芽率不低于 85%，种子含水量不高于 13%。

### 4.3 用小麦种衣剂进行机械包衣

如 6%戊唑·福美双可湿性粉剂（有效成分为 2%戊唑醇、4%福美双），用正常种衣剂量的 70%＋激健增效助剂 150 毫升/公顷药液拌种。

## 5 选茬、整地、实行连片种植

### 5.1 选茬

在合理轮作的基础上，选用大豆茬无长残留性禾本科除草剂的地块，避免甜菜茬。

### 5.2 整地

坚持伏秋整地，整地要求整平耙细，达到待播状态。前茬无深松基础的地块，要进行伏秋翻地或耙茬深松，翻地深度为 18～22 厘米，深松要达到 25～35 厘米。前茬有深翻、深松基础的地块，可耙茬作业，耙深 12～15 厘米。耙茬采取对角线法，不漏耙，不拖耙，耙后地表平整，高低差不大于 3 厘米。除土壤含水量过大的地块外，耙后应及时镇压。整地作业后，要达到上虚下实，地块平整，地表无大土块，耕层无暗坷垃，每平方米2～3 厘米直径的土块不得超过 1～2 块。三年深翻一次，提倡根茬还田。

## 6 播种

### 6.1 播期

土壤解冻深度达到 5 厘米以上开始播种。

### 6.2　密度

650 万～700 万株/公顷。

### 6.3　播种量

$$R_s = \frac{D_p \times W_t}{1\,000 \times 1\,000 \times S_g \times S_h}$$

式中：

$R_s$——播种量，单位面积所播小麦种子的质量，单位为千克；

$D_p$——计划基本苗，单位面积计划的小麦群体密度单位为株；

$W_t$——千粒重，1 000 粒净种子的质量，单位为克；

$S_g$——种子发芽率，指发芽试验中测试种子发芽数占测试种子总数的百分比，单位为百分率；

$S_h$——田间出苗率，指具有发芽能力的种子播到田间后出苗的百分比，单位为百分率。

## 7　分期施肥配施有机肥技术

### 7.1　基本原则

分期施肥应采用的基本原则是肥料减施、稳产、优质、增效。分期精量施肥应采用有机无机配合施用的原则，采用精量种子包衣、小麦平衡施肥结合有机肥进行控氮补磷增钾为关键，采用有机无机进行秋施底肥、春施种肥的分期施肥，关键生长期喷洒叶面肥，依靠耕层氮、磷不同时期效应和养分库容提升植株养分吸收效率，施肥方法采用机械条播，施肥深度为 8～12 厘米，土壤墒情适宜镇压要轻，反之镇压要重防止跑墒，适当增加有机肥料施用，可保证生育后期营养，对提高品质、增加粒重具有重要作用。

### 7.2　有机肥料参考用量

#### 7.2.1　指标

有机肥料技术指标要求应符合表 1 的要求，有机肥料中重金属的限量指标应符合表 2 的要求。

**表1 有机肥料技术指标**

| 项 目 | 指 标 |
| --- | --- |
| 有机质的质量分数（以烘干基计） | ≥45% |
| 总养分（氮＋五氧化二磷＋氧化钾）的质量分数（以烘干基计） | ≥5% |
| 水分（鲜样）的质量分数 | ≤30% |
| 酸碱度（pH） | 5.5～8.5 |

**表2 有机肥料中重金属的限量指标**

| 项 目 | 指 标 |
| --- | --- |
| 总砷（As）（以烘干基计） | ≤15毫克/千克 |
| 总汞（Hg）（以烘干基计） | ≤2毫克/千克 |
| 总铅（Pb）（以烘干基计） | ≤50毫克/千克 |
| 总镉（Cd）（以烘干基计） | ≤3毫克/千克 |
| 总铬（Cr）（以烘干基计） | ≤150毫克/千克 |

#### 7.2.2 商品有机肥用量

根据实验数据确定，利用商品有机肥可替代氮肥20%～35%，商品有机肥施用300～450千克/公顷，施用时应根据土壤肥力，使用不同量，有机质含量高的地块用低量，有机质含量低的地块用高量，有机肥应配合氮、磷、钾复混肥作基肥一次施用效果更好。

### 7.3 化肥参考量

#### 7.3.1 土壤肥力分级

农田土壤肥力主要以土壤有机质含量作为肥力判断的主要标准，土壤磷、钾含量及酸碱度分别以土壤有效磷、速效钾含量高低来衡量。

表 3　土壤肥力分级标准

| 肥力等级 | 土壤养分指标 | | | |
|---|---|---|---|---|
| | pH | 有机质（克/千克） | 有效磷（$P_2O_5$，毫克/千克） | 速效钾（$K_2O$，毫克/千克） |
| 高肥力 | 6.5～7.0 | ≥25 | ≥30 | ≥200 |
| 中肥力 | 5.0～6.5 | 15～25 | 10～30 | 80～200 |
| 低肥力 | ≤5.0 | ≤15 | ≤10 | ≤80 |

### 7.3.2　总施肥量

根据黑龙江北部地区土壤养分供应能力和肥料的肥效反应，结合各地丰产栽培实践，春小麦各种养分施肥量见表 4。

表 4　不同土壤肥力各种养分总施肥量

| 肥力等级 | 土壤养分指标 | | |
|---|---|---|---|
| | N（千克/公顷） | $P_2O_5$（千克/公顷） | $K_2O$（千克/公顷） |
| 高肥力 | 60～75 | 65～70 | 30～37 |
| 中肥力 | 75～75 | 70～75 | 37～37 |
| 低肥力 | 75～80 | 75～85 | 37～41 |

## 7.4　基肥

基肥在秋收后深层施肥，按照测土配方施肥标准结合耕翻施入土壤。建议使用正规厂家商品有机肥与化肥进行秋季深施肥，深度 12 厘米。2/3 氮肥（减去有机替代量和追肥的量）、1/2 磷肥、1/2 钾肥及有机肥全部作基肥。

表 5　春小麦基肥推荐用量

| 肥力等级 | 商品有机肥（千克/公顷） | N（千克/公顷） | $P_2O_5$（千克/公顷） | $K_2O$（千克/公顷） |
|---|---|---|---|---|
| 高肥力 | 300 | 32～40 | 33～35 | 15～19 |
| 中肥力 | 350 | 40 | 35～38 | 18～19 |
| 低肥力 | 450 | 40～43 | 38～43 | 19～21 |

**7.5　种肥**

春施 1/3 氮肥（减去追肥的量）、1/2 磷肥、1/2 钾肥作种肥。采用肥下种上的分层施肥法或肥下种上的分次施肥法。中量元素肥料：缺镁或缺硫地区和地块，施用 7.5 千克/公顷镁肥、5 千克/公顷硫酸铵。微量元素肥料：缺硼地区和地块，做种肥施用硼肥30～45 千克/公顷。

**7.6　追肥**

根据土壤养分和春小麦生长发育规律及需肥特性进行叶面喷肥，主推无人机超低量喷雾，其次是大型机械喷灌，喷施时期为 4 叶期至拔节前，喷施 7.5 千克/公顷尿素；抽穗期和扬花前，每公顷用磷酸二氢钾 2.25 千克/公顷，加尿素 5 千克/公顷，对水 100 千克喷施。

## 8　田间管理

**8.1　压青苗**

小麦 3 叶期压青苗，根据土壤墒情和苗情用镇压器镇压 1～2 次。机车行进速度为 10～15 千米/时，禁止高速作业。

**8.2　化控防倒伏**

小麦拔节前叶面喷施壮丰安化控剂，每公顷 600 毫升；小麦旗叶展开后，叶面喷施麦壮灵化控剂，每公顷 375 毫升。

**8.3　化学除草**

按 GB/T 8321《农药合理使用准则》执行。

防除阔叶杂草：在分蘖末期到拔节初期，每公顷用 90% 2,4-滴异辛酯乳油 450～600 毫升，或 72% 2,4-滴异辛酯乳油 900 毫升，或 72% 2,4-滴异辛酯乳油 450 毫升混 48%百草敌水剂 375 毫升，选晴天、无风、无露水时均匀喷施。添加助剂后（激健，施用剂量 225 毫升/公顷；浸透，施用剂量 75 毫升/公顷），除草剂可减量 30%施用。

防除单子叶杂草：野燕麦、稗草可用 6.9%精噁唑（骠马）浓乳剂每公顷 600～750 毫升，或 64%野燕枯可溶性粉剂 1 800～

2 250 毫升，对水喷施。手动喷雾器每公顷用水量 225 千克，机械喷雾机每公顷用水量 300 千克。

### 8.4 防治病虫

按 GB/T 8321《农药合理使用准则》执行。

防治黑穗病：用种子量 0.3%的 50%福美双拌种，防治小麦腥、散黑穗病，兼防根腐病。拌后即播，或用同药种衣剂包衣，晾一段时间后播种。

防治根腐病：用 11%福酮种衣剂按药种比（1.5～2）∶100 拌种或用 2.5%适乐时种衣剂按药种比（0.15～0.2）∶100 拌种。此方法可同时兼防小麦散黑穗病。

防治赤霉病：每公顷用 40%多菌灵胶悬剂 1 500 毫升或 80%多菌灵颗粒剂 1 000 毫升或 25%咪鲜胺乳油 800～1 000 毫升，于小麦扬花期对水喷施。

防治黏虫：每平方米有黏虫 30 头时，在幼虫 3 龄前，用 4.5%菊酯乳油每公顷 450 毫升对水喷施。

防治蚜虫：可在每百穗有 800 头蚜虫时，用 10%吡虫啉可湿性粉剂，每公顷 300 克，对水 30～60 千克喷雾处理。

## 9 机械收获

### 9.1 收获时期

机械分段收获在蜡熟末期进行，联合收割机收获在完熟初期进行。

### 9.2 收割质量

联合收割机收割：割茬高度不高于 25 厘米，综合损失率不得超过 2%，破碎粒率不超过 1%，清洁率大于 95%。

起草人：张军政、张久明、郑淑琴、左豫虎、马献发、张起昌、姜宇、孔祥清、李大志

起草单位：哈尔滨工业大学、黑龙江省农业科学院、东北农业大学、黑龙江八一农垦大学农学院

# 内蒙古东部旱作春小麦绿色增效综合栽培技术规程

## 1 范围

本文件规定了内蒙古东部旱作春小麦绿色增效化肥农药施用方法及其关键栽培技术。

本文件适用于内蒙古大兴安岭沿麓地区。

## 2 规范性引用文件

下列文件对于本文件的应用是必不可少的。凡是注日期的引用文件，仅所注日期的版本适用于本文件。凡是不注日期的引用文件，其最新版本（包括所有的修改单）适用于本文件。

GB 4404.1 粮食作物种子 第1部分：禾谷类

NY/T 1276 农药安全使用规范总则

NY/T 496 肥料合理使用准则 通则

DB/T 925 小麦主要病虫草害防治技术规范

NY/T 393 绿色食品——农药使用准则

DB15/T 1280 干旱半干旱地区春小麦高效节水丰产技术规程

NY 525 有机肥料

GB/T 8321.9—2009 农药合理使用准则

## 3 术语和定义

下列术语和定义适用于本文件。

### 3.1 绿色防控

绿色防控是指从农田生态系统整体出发，以农业防治为基础，积极保护利用自然天敌，恶化病虫的生存条件，提高农作物抗虫能力，在必要时合理地使用化学农药，将病虫危害损失降到最低限度。它是持续控制病虫灾害、保障农业生产安全的重要手段。

### 3.2　农药助剂

农药助剂指本身无生物活性，但与某种农药混用时，能大幅度提高农药的毒力和药效的一类助剂的总称。农药助剂主要具有抑制或弱化靶标（害虫、杂草、病菌等）对农药活性的解毒防药害作用，延缓药剂在防治对象内的代谢速度，从而增加防效。农药助剂具有减少喷雾药液随风（气流）漂移、利于药液在叶面铺展及黏附、提高其生物活性、减少用量、降低成本、保护生态环境的作用。

### 3.3　轮作模式

在同一块田地上，有顺序地在季节间或年间轮换种植不同的作物或复种组合的一种用地养地相结合的种植模式。

## 4　化肥有机替代增效施用技术

### 4.1　施肥量（表1）

**表1　内蒙古东部旱作春小麦土壤养分丰缺指标及推荐施肥量**

| 丰缺程度 | 丰缺指标 | | | 推荐施肥量（千克/公顷） | | |
|---|---|---|---|---|---|---|
| | 全氮（克/千克） | 有效磷（毫克/千克） | 速效钾（毫克/千克） | N | $P_2O_5$ | $K_2O$ |
| 极低 | ≤1.67 | ≤7.8 | ≤91 | >84 | >108 | >61.5 |
| 低 | 1.67～2.31 | 7.8～12.3 | 91～134 | 84 | 108 | 61.5 |
| 中 | 2.31～3.77 | 12.3～24.4 | 134～237 | 54 | 43.5 | 43.5 |
| 高 | 3.77～4.44 | 24.4～30.7 | 237～287 | 30 | 36 | 30 |
| 极高 | >4.44 | >30.7 | >287 | <30 | <36 | <30 |

### 4.2　肥料选择

氮、磷、钾肥可分别选择尿素（46% N）、过磷酸钙（14% $P_2O_5$）和硫酸钾（50% $K_2O$）或等养分量复合肥。

### 4.3　有机肥

按照商品有机肥替代氮肥25%施用量进行。

### 4.4　施肥方法

机械播种时有机肥和化肥以种肥的方式一次性施入。

## 5 农药减施绿色防控技术

### 5.1 合理轮作

采取3年以上免耕轮作模式。

### 5.2 药剂拌种

用6%福戊+0.8%维大利或9%吡咯氟虫腈+0.01%芸薹素内酯拌种。

药剂拌种按照GB/T 8321的规定执行。

### 5.3 生育期病虫草害防控

3～4叶期喷施50克/升双氟磺草胺悬浮剂52.5毫升/公顷+10%唑草酮可湿性粉剂157.5克/公顷+激健150毫升/公顷除阔叶草；加用15%炔草酯可湿性粉剂262.5.5克/公顷或5%唑啉草酯乳油630毫升/公顷除阔叶与禾本科杂草野燕麦混生杂草；添加助剂使除草剂用量减少30%。

抽穗至扬花期，根据预测小麦赤霉病病穗率是否达3%的防治指标决定是否施用杀菌剂，喷施杀菌剂时添加激健225毫升/公顷；杀菌剂用量减少30%。

抽穗期喷施1毫克/千克维大利增产防病。

起草人：王小兵、景岚、贾立国、张永平
起草单位：内蒙古农牧业科学研究院、内蒙古农业大学

# 内蒙古河套灌区春小麦“双减双增”栽培技术规程

## 1 范围

本文件规定了内蒙古河套灌区春小麦“双减双增”（减肥、减药、增效、增产）栽培技术模式。

本文件适用于内蒙古自治区河套平原灌区以及与其具有相似生

态条件的有灌溉条件的小麦产区。

## 2 规范性引用文件

下列文件对于本文件的应用是必不可少的。凡是注日期的引用文件，仅所注日期的版本适用于本文件。凡是不注日期的引用文件，其最新版本（包括所有的修改单）适用于本文件。

GB 4404.1 粮食作物种子 第1部分：禾谷类

GB 5084 农田灌溉水质标准

NY/T 1276 农药安全使用规范总则

GB/T 8321.9—2009 农药合理使用准则

NY/T 496 肥料合理使用准则 通则

DB15/T 1280 干旱半干旱地区春小麦高效节水丰产技术规程

## 3 术语和定义

### 3.1 平衡施肥

依据作物需肥规律、土壤供肥特性与肥料效应，合理确定氮、磷、钾和中、微量元素的适宜用量和比例，并采用相应科学施用方法的施肥技术。

### 3.2 灌水定额

单位面积单次灌水量。

### 3.3 灌溉制度

按作物需水要求和不同灌水方法制定的灌水次数、每次灌水时间和灌水定额及灌溉定额的总称。

### 3.4 绿色防控

绿色防控是指从农田生态系统整体出发，以农业防治为基础，积极保护利用自然天敌，恶化病虫的生存条件，提高农作物抗虫能力，在必要时合理地使用化学农药，将病虫危害损失降到最低限度。它是持续控制病虫灾害、保障农业生产安全的重要手段。

### 3.5 农药助剂

农药助剂指本身无生物活性，但与某种农药混用时，能大幅度提高农药的毒力和药效的一类助剂的总称。农药助剂主要是抑制或弱化靶标（害虫、杂草、病菌等）对农药活性的解毒防药害作用，延缓药剂在防治对象内的代谢速度，从而增加防效。农药助剂具有减少喷雾药液随风（气流）漂移、利于药液在叶面铺展及黏附、提高其生物活性、减少用量、降低成本、保护生态环境的作用。

## 4 耕作整地

适宜土壤类型为壤土。选择耕层深厚、结构良好、地面平整、无盐碱危害、中等肥力以上地块。前茬作物收获后，结合深耕翻压腐熟优质农家肥 30 000～45 000 千克/公顷，伏耕或秋深耕 25 厘米以上。耕翻后及时平整土地，秋季（9 月下旬至 10 月下旬）充分汇地蓄水，灌水定额 1 200～1 500 米$^3$/公顷；春季“顶凌耙耱”收墒，达到播种状态。

## 5 品种选用

选用适宜河套灌区种植的氮高效小麦品种，播种前晒种 1～2 天。

种子质量符合 GB 4404.1 的规定。

## 6 药剂减量拌种

黑穗病发生严重地区，小麦播前每亩用黑穗停 390.0 克（较常规减量 30%）对水 11.25 升，加入 75 毫升浸透（助剂），再与 375.0 千克种子搅拌均匀，阴干后播种，防治散黑穗病。

药剂拌种按照 GB/T 8321 的规定执行。

## 7 生长期田间管理

### 7.1 苗期药剂除草

小麦 3～4 叶期，用 10%苯磺隆可湿性粉剂 105 克/公顷（较常规用量减少 30%）＋HPP（助剂）150 毫升/公顷，对水 450 千克喷雾，进行化学除草。

### 7.2　适时浇水，减量追肥

5月上、中旬，视土壤墒情变化及降雨情况，把浇第1水时间推迟在分蘖至拔节之间。灌水定额900～975米$^3$/公顷，结合浇第1水追施尿素240～285千克/公顷（常规用量375千克/公顷以上）。若麦苗长势正常，拔节期浇第1水；麦苗长势偏弱，提前至分蘖期浇第1水。

6月上、中旬，酌情浇抽穗或扬花水，灌水定额900～975米$^3$/公顷。

6月下旬至7月上旬，适量浇灌浆水，灌水定额900～975米$^3$/公顷。后期灌水选择无风天气，防止倒伏或贪青。

小麦灌浆期喷施叶面肥，用磷酸二氢钾3.0千克/公顷对水750千克均匀喷洒，抵御干热风，防早衰，防倒伏。

## 8　收获贮藏

小麦蜡熟末期及时进行收获，脱粒后及时晾晒，当籽粒含水率降到13%以下时，即可入库贮藏。

起草人：张永平、景岚、贾立国、王小兵
起草单位：内蒙古农业大学、内蒙古农牧业科学研究院

CHAPTER 9

# 第九部分

# 东北小麦主要推广品种

## 克旱16（克94－470）

**品种来源：** 九三$79F_5$－5416/克80原229//克76－750/克$76F_4$－779－5/3/克76－413，2000年经黑龙江省农作物品种审定委员会审定推广。

**品种特性：** 该品种为中晚熟类型，大粒型，千粒重40克左右，无芒，茎秆粗壮，抗倒伏能力强。经沈阳农业大学免疫室和黑龙江省农业科学院植保所鉴定，抗秆锈病和自然流行叶锈病，根腐、赤霉病轻。

**品质特点：** 该品种品质优良，经农业部谷物及其制品质量监督检验测试中心（哈尔滨）化验分析，蛋白质含量为16.17%，湿面筋含量36.6%，沉降值为46.2毫升，面团形成时间为2.75分钟，稳定时间为3.5分钟，吸水率为67.7%。

**产量表现：** 1995—1996年连续两年所内产量鉴定试验，平均公顷产量为6 270.8千克，较对照品种新克旱九号平均增产23.9%；1996年参加异地产量鉴定试验，平均每公顷产量为5 249.3千克，比对照品种新克旱9号平均增产13.2%；1997—1998年参加全省区域试验，平均每公顷产量为4 576.17千克，较对照品种新克旱9号平均增产9.6%；1999年参加全省生产试验，平均每公顷产量为3 673.0千克，较对照品种新克旱9号平均增产10.8%；1997—1999年连续三年在不同地区进行的生产示范中，创造了每公顷6 000～7 590千克的超高产典型，在当地引起了很大反响。

**栽培要点：**该品种适宜中等肥力条件下种植，每平方米保苗以850株左右为宜。

## 克春4号（克02-1331）

**品种来源：**该品种由黑龙江省农业科学院克山分院育成，组合为克95RF6-627-4//克丰6/克87-266。2011年被国家农作物品种审定委员会审定推广，命名为克春4号。

**品种特性：**中晚熟，从出苗至成熟生育日数为88天左右，株高100.9厘米，穗长8.4厘米，无芒、白稃、赤粒，千粒重37.3克，容重806.9克/升。苗期抗旱，结实期耐湿，秆强不倒，高抗秆、叶锈病，赤霉、根腐病轻。

**品质特性：**2004年农业部谷物及制品质量监督检验测试中心（哈尔滨）分析，蛋白质含量14.0%，湿面筋含量为31.5%，沉降值为38.5毫升，面团稳定时间5.7分。

**产量表现：**2003—2005年所内产量鉴定试验，三年平均每公顷产量5 275.5千克，较对照品种新克旱9号平均增产13.1%；2005年12点异地鉴定，平均每公顷产量5 457.45千克，较对照品种新克旱9号平均增产15.0%；2006年开始参加黑龙江省北部区域试验，平均每公顷产量4 132.5千克，比对照品种新克旱9号平均增产6.3%。

**栽培要点及适应区域：**适应在黑龙江省的北部地区、内蒙古的东部地区及其相似生态条件下栽培，要求土壤肥力条件较好，在大面积生产中，氮：磷＝1.2：1较为适合，配合适当比例的钾、硫肥，种植的密度以平均保苗在650万株/公顷为宜。

## 克春5号（克06-511）

**选育单位：**黑龙江省农业科学院克山分院。

**品种来源：**以克99F2-33-3为母本，九三94-9178为父本，系谱法选育而成。

**品种特性：**品种类型中筋，幼苗直立，株型收敛，株高91厘米，花为多花型，小花数一般为4～5个。穗纺锤形，长芒，千粒重36.0克左右，容重790.0克/升。品质分析结果：蛋白质含量16.27%～17.91%，湿面筋含量32.6%～39.02%，稳定时间3.1～4.4分钟，容重770～810克/升。接种鉴定结果：对秆锈病几个主要生理小种均表现为高抗，中感赤霉病，中抗至中感根腐病。在适应区，出苗至成熟生育日数90天左右。

**产量表现：**2009—2010年区域试验平均每公顷产量4 218.4千克，较对照品种克旱16增产8.3%；2011年生产试验平均每公顷产量4 390.5千克，较对照品种克旱16增产4.3%。

**栽培要点：**该品种在适应区3月下旬至4月中旬播种，选择中等以上肥力地块种植，采用宽苗带栽培方式，公顷保苗株数650万株。有条件的要进行种子包衣处理。

**施肥要点：**施肥时要做到平衡施肥，氮∶磷∶钾为1.2∶1∶0.5，适量加入硫肥，以每亩施用15～17千克较为适宜。2/3为底肥，于前一年秋季施入，1/3为种肥。

## 克春6号（克06-964）

**选育单位：**黑龙江省农业科学院克山分院。

**品种来源：**克94F4-408/豫麦16//龙98-8906。

**审定情况：**2013年国审，命名为克春6号。

**品种特性：**春性，中晚熟，成熟期比对照品种垦九10号早2天。幼苗直立，分蘖力强。株高88厘米左右。穗纺锤形，长芒，白壳，红粒，籽粒角质。两年区试平均亩穗数38.2万穗，穗粒数28.5粒，千粒重39.4克。抗倒性好，接种抗病性鉴定为免疫秆锈病和叶锈病，高感赤霉病，中感根腐病和白粉病。2010年、2011年分别测定混合样：籽粒容重820克/升、832克/升，蛋白质含量15.68%、14.99%；面粉湿面筋含量34.0%、32.8%，沉降值54.0毫升、50.0毫升，吸水率64.8%、58.3%，稳定时间3.2分钟、8.0分钟，最大抗延阻力150E.U、318E.U，延伸性21.8厘米、18.9厘米，拉伸面积49.4厘米²、82.8厘米²。

**栽培要点及适应区域：**适时播种，每亩适宜基本苗40万～45万株。秋深施肥或春分层施肥，3叶期压青苗，防止倒伏。成熟时及时收获。适宜在东北春麦区的黑龙江省及内蒙古呼伦贝尔市种植。

**产量表现：**2010年参加东北春麦晚熟组品种区域试验，平均亩产306.8千克，比对照品种垦九10号增产4.8%；2011年续试，平均亩产308.7千克，比对照品种垦九10号增产4.3%；2012年生产试验，平均亩产286.2千克，比对照垦九10号增产6.6%（极显著）。

## **克春8号**（克06-486）

**选育单位：**黑龙江省农业科学院克山分院。

**品种来源：**99F2-33-3/九三94-9178。

**审定情况：**2014年蒙审，命名为克春8号。

**品种特性：**中晚熟品种，出苗至成熟生育日数为94天左右，株高92～96厘米。穗纺锤形，穗长9.7厘米左右，长芒、白稃、赤粒，角质率高。千粒重37.9克，容重793克/升。苗期抗旱，结实期耐湿，秆强不倒，活秆成熟，落黄好。在抗病性方面，经中国农业科学院植物保护研究所接种鉴定，秆锈病和叶锈病免疫、对赤霉菌（F15、F0301、F0609和F0980）和根腐病自然发病分离菌株表现中感。经农业部谷物及制品质量监督检验测试中心（哈尔滨）2013年分析，形成时间4.7分钟，稳定时间4.1分钟。

**栽培要点及适应区域：**适应在内蒙古的东部地区、黑龙江省的北部地区及相似生态条件下栽培，要求土壤肥力条件较好，在大面积生产中，氮∶磷∶钾=(0.9～1)∶1∶0.3，较为适合，配合适当比例的钾、硫肥，种植的密度以平均保苗在650万株/公顷为宜。

**产量表现：**于2010年参加内蒙古自治区东部旱作小麦区域试验，5个试点皆增产。平均亩产为322.15千克，较对照品种龙麦26平均亩增产60.21千克，增产22.1%；2011年继试，5

个试点中4个增加1个减少。平均亩产294.8千克，比对照品种垦九10号平均亩增产41.71千克，增产16.5%。区域试验两年平均亩产308.5千克，较对照品种平均增产19.3%，2011年同时参加东部旱作小麦生产试验，4个试点全部增产，平均亩产量为277.0千克，较对照品种垦九10号平均亩增产29.5千克，增产11.9%。

## 克春9号（克06-484）

**选育单位：** 黑龙江省农业科学院克山分院。

**品种来源：** 99F2-33-3/九三94-9178。

**审定情况：** 2014年国审，命名为克春9号。

**品种特性：** 该品种属中晚熟，全生育期90天左右。幼苗直立，株高100厘米左右，分蘖力强，繁茂性好。穗纺锤形，长芒、红粒，角质率高，每穗粒数32.0粒，千粒重35.5克。抗旱性较好，耐湿性好，茎秆弹性好，抗倒伏，熟相好。接种抗病性鉴定为秆锈病免疫，叶锈病慢病免疫，中抗中感根腐病，中抗中感赤霉病。该品种经农业部谷物及制品质量监督检验测试中心（哈尔滨）分析，容重822克/升，蛋白质（干基）含量15.5%，湿面筋含量31.2%，吸水率63.0%，面团稳定时间为3.6分钟，最大抗延阻力234E.U，拉伸面积61.8厘米$^2$。

**栽培要点及适应区域：** 适应在黑龙江省北部及内蒙古东四盟地区中等以上肥力的土壤条件下栽培。该品种在黑龙江省北部区3月下旬至4月中旬播种，在内蒙古地区5月上中旬采用条播密植栽培方式播种，要求每公顷保苗株数650万株。播种前进行拌种或种子包衣处理。

**施肥要点：** 每公顷施用磷酸二铵150千克、尿素80千克、硫酸钾40千克。

**田间管理及收获：** 在小麦的3叶期压青苗1～2次，4～5叶期要及时进行化学除草。防治双子叶阔叶杂草，每亩用7.5～8克甲磺隆，加上2，4-滴丁酯20～23毫升；防治单子叶杂草如稗草、燕麦等用6.9%的骠马50~60克。在生育后期要及时防治赤霉病。根据小麦的成熟情况及气象条件，及时收获，联合收割机损失不得超过3%，破碎率不得超过1%，清洁率要达到95%以上，籽粒含水量要在13.5%以下。

## 克春11（克07-1370）

**选育单位：**黑龙江省农业科学院克山分院。

**品种来源：**克00F5-1817/新世纪9号。

**审定情况：**2016年通过国家农作物品种审定委员会审定。

**品种特性：**克07-1370小麦新品种属春性，中熟，成熟期较对照品种垦九10号早2天。幼苗直立，分蘖力强。株高94.0厘米。穗纺锤形，长芒，白壳，红粒，硬质。平均亩穗数39.9万穗，穗粒数32.4粒，千粒重38.5克。抗倒性好，接种抗病性鉴定（取两年低值）为秆锈病免疫，慢叶锈病，中感根腐病，高感赤霉病和白粉病。2012年、2013年分别测定混合样品质结果为容重804克/升、770克/升，蛋白质（干基）含量14.92%、15.60%，硬度指数68.9、67.9，湿面筋含量31.4%、32.5%，沉降值67.0毫升、61.5毫升，吸水率61.2%、57.2%，稳定时间7.3分钟、8.8分钟，最大抗延阻力595E.U、250E.U，延伸性196毫米、242毫米，拉伸面积151.5厘米$^2$、79.5厘米$^2$。

**栽培要点及适应区域：**适时播种，每亩适宜基本苗40万~45万株。秋深施肥或春分层施肥，3叶期压青苗，防止倒伏。成熟时及时收获。适宜在东北春麦区的黑龙江省及内蒙古呼伦贝尔市种植。

**产量表现：**2012年参加东北春麦晚熟组区域试验，10个试验点中7增3减，平均亩产279.1千克，比对照品种垦九10号增产3.0%；2013年续试，平均亩产272.4千克，比对照品种垦九10号增产11.9%。在试验中表现高产、稳产，优质强筋，抗病性较强；2014年参加生产试验，平均亩产288.5千克，比对照品种垦九10号增产4.7%。

## 克春 111571

**选育单位：** 黑龙江省农业科学院克山分院。

**品种来源：** 克丰 12 号/龙 558。

**审定情况：** 2018 年省审。

**品种特性：** 中筋品种。在适应区，出苗至成熟生育日数 89 天左右。该品种幼苗直立，株型收敛，株高 98 厘米。小穗数一般为 4～26 个，穗纺锤形，有芒，千粒重 37.1 克左右，容重 829.5 克/升。两年品质分析结果：蛋白质含量 14.5%～14.8%，湿面筋含量 32.4%～34.6%，稳定时间 3.1～3.8 分钟。三年抗病接种鉴定结果为对秆锈病 21C3CTR、21C3CFH、34C2MKK、34MKG 等均表现为中抗免疫，中感赤霉病，中感根腐病。

**栽培要点：** 该品种在适应区 3 月下旬至 4 月中旬播种，选择中等以上肥力地块种植，采用窄行条播栽培方式，公顷保苗株数 650.0 万株。有条件的要进行种子包衣处理。

**田间管理及收获：** 在小麦的 3 叶期压青苗 1～2 次，4～5 叶期要及时进行化学除草，拔节前喷矮壮素，防止倒伏。根据小麦的成熟情况及气象条件，对小麦要及时进行收获。

**施肥要点：** 施肥时要做到平衡施肥，氮：磷：钾＝1.2：1：0.5，适量加入硫肥，以每亩施用 15～17 千克较为适宜。2/3 为底肥，于前一年秋季施入，1/3 为种肥。

**产量表现：** 2015—2016 年区域试验平均每公顷产量 4 709.3 千克，较对照品种龙麦 26 增产 10.3%；2017 年生产试验平均每公顷产量 4 908.1 千克，较对照品种克旱 16 增产 8.6%。

## 克春 111362

**选育单位：** 黑龙江省农业科学院克山分院。

**品种来源：** 龙 10 135/北麦 4 号。

**审定情况：** 2018 年省审。

**品种特性：** 中筋品种。在适应区，出苗至成熟生育日数 89 天左右。该品种幼苗匍匐，株型紧凑，株高93厘米。小穗数一般为9～18个，穗纺锤形，有芒，千粒重34.6克左右，容重813.5克/升。两年品质分析结果为蛋白含量15.1%～15.8%，湿面筋含量33.2%～38.0%，稳定时间4.8分钟。三年抗病接种鉴定结果为对秆锈病21C3CTR、21C3CFH、34C2MKK、34MKG等均表现为免疫，中感赤霉病，中感根腐病。

**栽培要点及适应区域：**该品种在适应区3月下旬至4月中旬播种，选择中等以上肥力地块种植，采用窄行条播栽培方式，公顷保苗株数650.0万株。有条件的要进行种子包衣处理。

**田间管理及收获：**在小麦的3叶期压青苗1～2次，4～5叶期要及时进行化学除草。根据小麦的成熟情况及气象条件及时收获。适宜黑龙江省东部区和北部区土壤种植。

**施肥要点：**施肥时要做到平衡施肥，氮∶磷∶钾＝1.2∶1∶0.5，适量加入硫肥，以每亩施用15～17千克较为适宜。2/3为底肥，于前一年秋季施入，1/3为种肥。**产量表现：**2015—2016年区域试验平均每公顷产量5 605.2千克，较对照品种克旱16增产8.3%；2017年生产试验平均公顷产量4 636.5千克，较对照品种克旱16增产4.1%。

## 东农127

**选育单位：**东北农业大学。

**品种来源：**东引冬05－325/东引85云582。

**审定情况：**国审麦20190050。

**品种特性：**春性、全生育期90天，比对照品种垦九10号早2天。幼苗直立，叶片宽，叶色深绿，分蘖力强。株高96厘米，株型较紧凑，抗倒性强。整齐度好，穗层整齐，熟相好。穗纺锤形，无芒，红粒，籽粒半角质，饱满度好。亩穗数42.5万穗，穗粒数32.7粒，千粒重35.2克。抗病性鉴定为中感赤霉病，中感白粉病，叶锈病免疫，中抗秆锈病。两年品质检测为籽粒容重825克/

升、836 克/升，蛋白质含量 15.54%、15.49%，湿面筋含量 34.4%、32.8%，稳定时间 3.3 分钟、2.4 分钟，吸水率 61.6%、61.2%。

**栽培要点及适应区域：**适应在黑龙江省的北部地区、内蒙古的东部地区及其相似生态条件下栽培，要求土壤肥力条件较好。适时播种，种植密度以平均保苗在 650 万株/公顷为宜，秋深施肥、春施种肥与叶面喷肥相结合，亩施化肥纯量 12～13 千克，氮：磷：钾＝1.1：1：0.4。3 叶期压青苗 2～3 遍，分蘖期进行复方化学除草，特殊年份注意白粉病的防治，抽穗开花期及生育后期注意防治赤霉病，成熟时适时收获。

**产量表现：**2015 年度参加东北春麦晚熟组区域试验，平均亩产 376.6 千克，比对照品种垦九 10 号增产 4.0%；2016 年续试，平均亩产 337.8 千克，比对照品种垦九 10 号增产 6.0%；2017 年生产试验，平均亩产 293.3 千克，比对照品种垦九 10 号增产 4.0%。

## 龙麦 35 号（龙 04－4798）

**选育单位：**黑龙江省农业科学院作物资源研究所。

**品种来源：**克 90－513/龙麦 26。

**审定情况：**2014 年通过国家农作物品种审定委员会审定。

**品种特性：**春性中晚熟品种，全生育期 89 天，比对照垦九 10 号早熟 1 天。幼苗直立，分蘖力强。株高 93 厘米，抗倒性好。抗旱性好，灌浆快，落黄好。穗纺锤形，长芒，白壳，红粒，角质。平均亩穗数 40.8 万穗，穗粒数 32.2 粒，千粒重 35.3 克。抗病性接种鉴定，高感赤霉病，中感根腐病、白粉病，慢叶锈病，免疫秆锈病。品质混合样测定，籽粒容重 836 克/升，蛋白质含量 15.09%，硬度指数 66.9，面粉湿面筋含量 31.0%，沉降值 62.3 毫升，吸水率 61.1%，面团稳定时间 7.1 分钟，最大拉伸阻力 412 E.U，延伸性 192 毫米，拉伸面积 108 厘米$^2$。品质达到强筋小麦品种标准。

**栽培要点及适宜区域：**适时播种，亩基本苗 43 万～45 万株。

注意防治赤霉病、根腐病、白粉病、叶锈病等病害。适宜东北春麦区的黑龙江北部、内蒙古呼伦贝尔市种植。

**产量表现：** 2010 年参加东北春麦晚熟组品种区域试验，平均亩产 298.1 千克，比对照垦九 10 号增产 1.8%；2011 年续试，平均亩产 289.1 千克，比垦九 10 号减产 2.3%。2012 年生产试验，平均亩产 279.2 千克，比垦九 10 号增产 4.0%。

## 龙麦 36 号（龙 06－6592）

**选育单位：** 黑龙江省农业科学院作物资源研究所。

**品种来源：** 克 92－387/龙 99F3－6725－1。

**审定情况：** 2013 年通过黑龙江省农作物品种审定委员会审定。

**品种特性：** 该品种晚熟，生育期 88～90 天。幼苗半直立，前期发育适中，苗期抗旱性突出。分蘖成穗率较高，穗层整齐。株高 90 厘米左右，秆弹性好，抗倒伏。后期耐湿，熟相特好。有芒，红粒，千粒重 35～38 克，容重 834 克/升。接种鉴定结果：对秆锈病 21C3CTR、21C3CFH、34C2MKK、34MKG 等均表现为高抗，中感赤霉病，中感根腐病。品质优良，Glu－1 位点上高分子麦谷蛋白亚基构成为 2*，7＋9，5＋10，具有强筋小麦亚基 5＋10 基因。2010—2012 年经农业部谷物及制品质量监督检测中心（哈尔滨）品质分析结果平均为：蛋白质含量 16.3%，湿面筋含量 34.6%，沉降值 63.4 毫升，面团稳定时间 12.7 分钟；最大抗延阻力 488.8E. U，延伸性 18.7 厘米。各项测试结果均达到或超过强筋小麦的品质标准。

**栽培要点及适宜区域：** 该品种光反应中等，适应面较广，一般栽培条件下均可种植，公顷保苗株数 650 万株。3～4 叶期镇压 1～2 遍，3 叶期结合除草喷施氮、钾肥。施肥量一般以亩施纯 N 5～6 千克，纯 $P_2O_5$ 4～5 千克，纯 $K_2O$ 3～4 千克比较适合；施肥方式最好秋施底肥（2/3）、春施种肥（1/3）和后期叶面追施三者相结合，效果更好。适宜在东北春麦区的黑龙江省及内蒙古东四盟地区种植。

**产量表现**：2010—2012 年区域试验平均公顷产量 3990.0 千克，较对照品种龙麦 26 增产 2.4%；2012 年生产试验平均公顷产量 4721.7 千克，较对照品种龙麦 26 增产 6.5%。

图书在版编目（CIP）数据

小麦减肥减药技术百事问答 / 张军政，马献发，张久明主编．—北京：中国农业出版社，2021.1

ISBN 978-7-109-27793-9

Ⅰ.①小… Ⅱ.①张… ②马… ③张… Ⅲ.①小麦—栽培技术—问题解答 Ⅳ.①S512.1-44

中国版本图书馆 CIP 数据核字（2021）第 021419 号

---

中国农业出版社出版

地址：北京市朝阳区麦子店街 18 号楼

邮编：100125

责任编辑：司雪飞　郑　君

版式设计：王　晨　　责任校对：沙凯霖

印刷：中农印务有限公司

版次：2021 年 1 月第 1 版

印次：2021 年 1 月北京第 1 次印刷

发行：新华书店北京发行所

开本：880mm×1230mm　1/32

印张：4.25

字数：121 千字

定价：30.00 元

---